おもしろくて、
役《やく》に立《た》たない!?

へんてこりんな宇宙《うちゅう》図鑑《ずかん》

岩谷圭介 文
柏原昇店 絵

JN242335

キノブックス

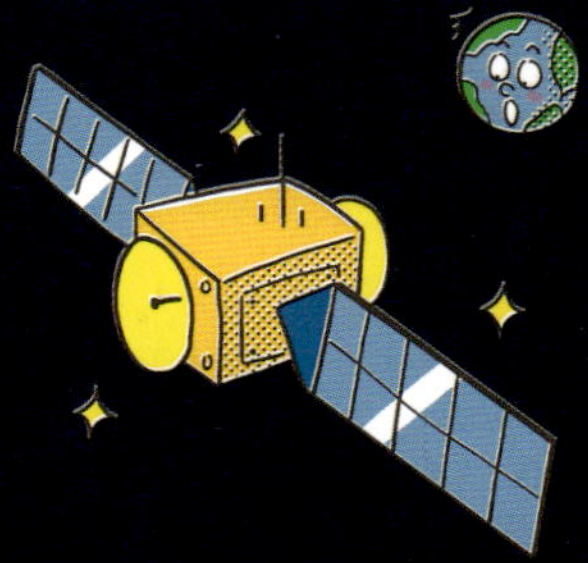

はじめに

とつぜんですが、
あなたは宇宙《うちゅう》のことをどのくらい知《し》っていますか？
全然《ぜんぜん》知《し》らない？　大丈夫《だいじょうぶ》です。
プロの科学者《かがくしゃ》でも、実《じつ》はほとんど知《し》りません。
宇宙《うちゅう》には謎《なぞ》がたくさんありすぎて、人類《じんるい》の科学《かがく》ではまだまだ理《り》解《かい》できていないんです。
だからこそ、毎日《まいにち》たくさんの大発見《だいはっけん》があるのです。

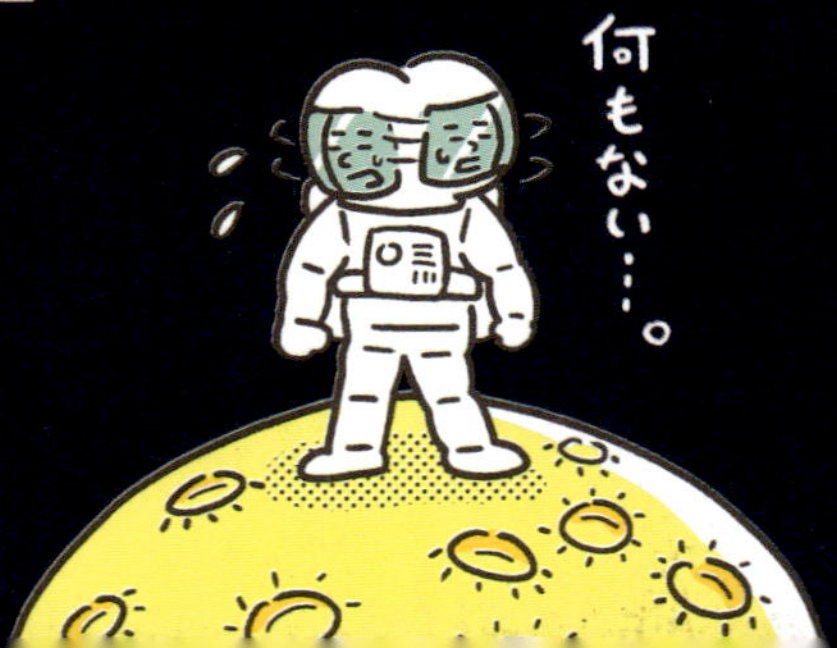

宇宙《うちゅう》にはビックリすることや、おかしなことがたくさんあります。この本《ほん》では、そんな宇宙《うちゅう》の愉快《ゆかい》な一面《いちめん》をまとめてみました。

「え〜マジで！」と驚《おどろ》くかもしれません。

「なんておバカ」と笑《わら》ってしまうかもしれません。

「宇宙《うちゅう》ヤバい！」と気《き》が遠《とお》くなるかもしれません。

さあ、一緒《いっしょ》におもしろおかしい宇宙《うちゅう》の旅《たび》に出《で》かけましょう。

第1章 宇宙《うちゅう》開発《かいはつ》の話《はなし》

第2章 地球《ちきゅう》と月《つき》の話《はなし》

第3章 太陽系《たいようけい》の話《はなし》

第4章 遠《とお》くの宇宙《うちゅう》の話《はなし》

第5章 宇宙人《うちゅうじん》、SFの話《はなし》

第6章 宇宙論《うちゅうろん》の話《はなし》

第7章 宇宙《うちゅう》をめぐる歴史《れきし》の話《はなし》

この本《ほん》に出《で》てくる星《ほし》たち

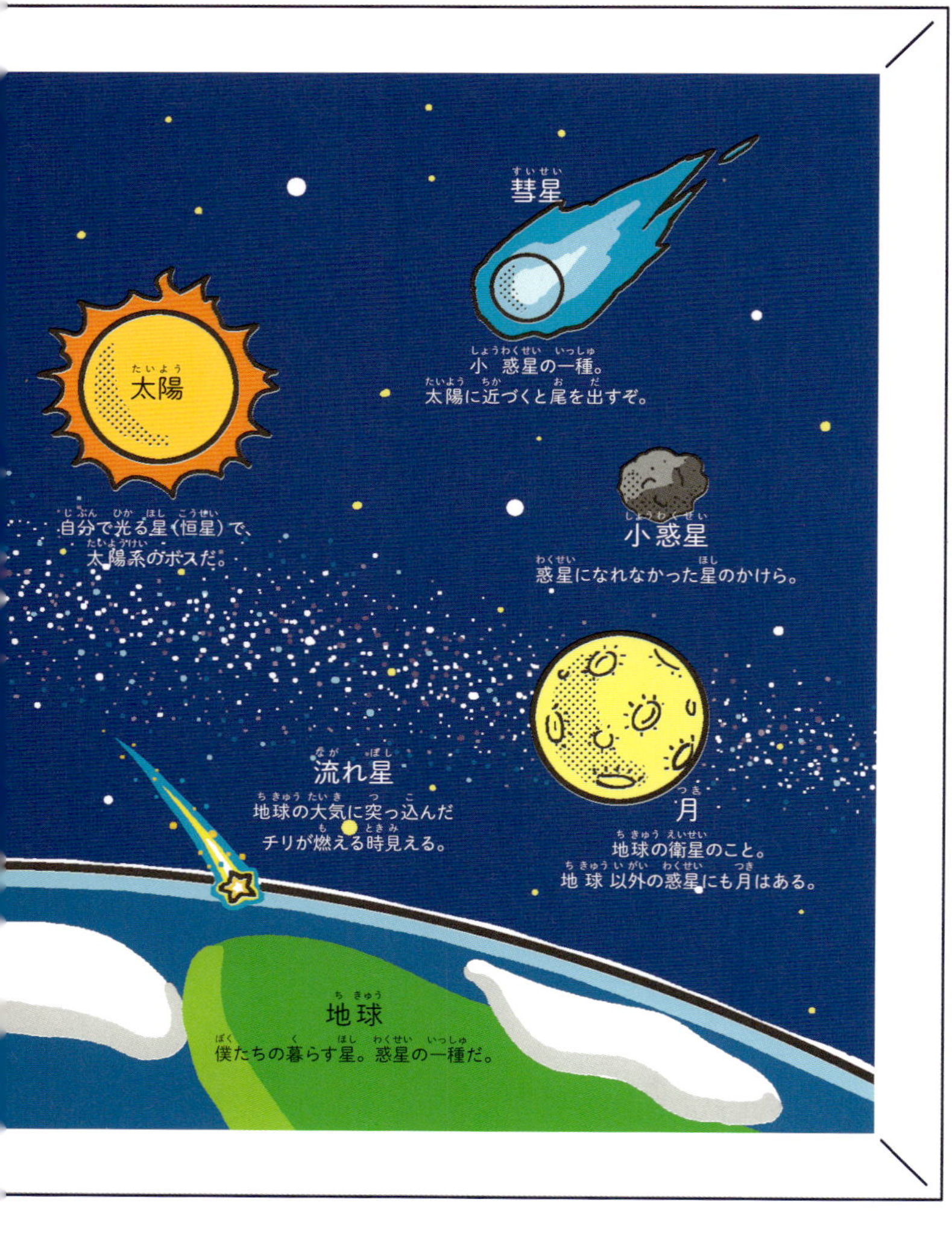

ブラックホール
目《め》に見《み》えない星《ほし》。
はるか遠《とお》くにあるぞ。
星《ほし》
夜空《よぞら》の星《ほし》のほとんどは
太陽《たいよう》みたいな自分《じぶん》で光《ひか》る星《ほし》だ。
（恒星《こうせい》）
惑星《わくせい》
火星《かせい》とか木星《もくせい》とか。
自分《じぶん》で光《ひか》らない星《ほし》。
太陽系《たいようけい》の外《そと》にもあるぞ。
天《あま》の川《がわ》
銀河系《ぎんがけい》ともいう。
地球《ちきゅう》と太陽《たいよう》がある銀河系《ぎんがけい》。
人工衛星《じんこうえいせい》
人間《にんげん》の作《つく》った小《ちい》さな星《ほし》だ。

BANG!

第1章

宇《う》宙《ちゅう》開《かい》発《はつ》の話《はなし》

ロケットや宇宙《うちゅう》ステーション、宇宙飛行士《うちゅうひこうし》——。
カッコイイようで、実《じつ》は結構《けっこう》へんてこりんだ。

宇宙《うちゅう》飛行士《ひこうし》はウンチと格闘《かくとう》している!?

「ウンチ出《で》そう！」なんて言《い》うと、お下品《げひん》と言《い》われてしまうかもしれない。けれどもウンチを出《だ》すというのは、とても科学的《かがくてき》ですばらしく完成《かんせい》された行為《こうい》なのだ。ウンチが落《お》ちるのは、ニュートンのりんごが落《お》ちるのと同《おな》じ。重力《じゅうりょく》を上手《じょうず》に使《つか》っている。生物《せいぶつ》は数億年《すうおくねん》の進化《しんか》でウンチを出《だ》すことを完璧《かんぺき》に完成《かんせい》させたのだ。しかし、その完璧《かんぺき》は、無重力状態《むじゅうりょくじょうたい》によって不都合《ふつごう》が生《しょう》じることとなった。

そう、無重力下《むじゅうりょくか》ではウンチが落《お》ちないのだ。体《からだ》にまとわりついて、取《と》ろうとすると飛《と》び散《ち》ったりする。これは想像《そうぞう》したくもない大惨事《だいさんじ》だ。

宇宙《うちゅう》でのウンチに慣《な》れていない宇《う》宙飛行士《ちゅうひこうし》は、1時間近《じかんちか》くウンチと格《かく》闘《とう》することもあるんだとか。科学者《かがくしゃ》たちが一生懸命《いっしょうけんめい》考《かんが》えて宇宙《うちゅう》トイレを開発《かいはつ》したが、それでも生物《せいぶつ》の偉大《いだい》で洗練《せんれん》された行為《こうい》には遠《とお》く及《およ》ばない。

まめ知識

宇宙《うちゅう》ウンチの片付《かたづ》け方《かた》　宇宙《うちゅう》ステーションでは紙《かみ》や手袋《てぶくろ》も貴重《きちょう》なので、無駄遣《むだづか》いできない。なので、飛《と》び散《ち》ったウンチを片付《かたづ》けるのは手作業《てさぎょう》（手《て》づかみ！）になることもあるそうだ。悪夢《あくむ》だ。

宇宙《うちゅう》ウンチは流《なが》れ星《ぼし》になる

宇宙《うちゅう》ステーションで出《で》たウンチは宇宙《うちゅう》ステーションに貯《た》め続《つづ》けることはできない。だから処理《しょり》しないといけない。

宇宙《うちゅう》ウンチの処理方法《しょりほうほう》は豪快《ごうかい》で、地球《ちきゅう》の大気《たいき》に落《お》として燃《も》やして捨《す》てる。そう、私《わたし》たちが吸《す》っている大気《たいき》の中《なか》に落《お》として捨《す》てるのだ。

朝《あさ》の清々《すがすが》しい空気《くうき》には、宇宙《うちゅう》からの落《お》とし物《もの》の原子《げんし》が含《ふく》まれている。

こういうと、潔癖《けっぺき》な人《ひと》は嫌《いや》な顔《かお》をするかもしれない。

しかし安心《あんしん》してほしい。大気圏突《たいきけんとつ》入時《にゅうじ》に、高温《こうおん》に加熱《かねつ》され分解《ぶんかい》されるから、気《き》にする必要《ひつよう》はないのだ。

落《お》ちてくる宇宙《うちゅう》ウンチはキレイな流《なが》れ星《ぼし》になるぞ。レアなウンチ流《なが》れ星《ぼし》を見《み》つけられた君《きみ》は、きっと「ウン」が付《つ》いているに違《ちが》いない。

まめ知識

補給船《ほきゅうせん》　宇宙《うちゅう》ステーションで使《つか》う水《みず》や食料《しょくりょう》、衣料《いりょう》、実験道具《じっけんどうぐ》などを届《とど》ける宇宙船《うちゅうせん》のこと。お届《とど》けが終《お》わったら、ゴミやウンチを積《つ》んで大気《たいき》に突《つ》っ込《こ》んで燃《も》えて消《き》える。

宇《う》宙《ちゅう》オナラは危《き》険《けん》

宇宙《うちゅう》でオナラをすると、塊《かたまり》になってただよう。運悪《うんわる》くそれが鼻先《はなさき》にやってきたら、気絶《きぜつ》するほど臭《くさ》い。宇《う》宙《ちゅう》オナラは超濃厚《ちょうのうこう》なのだ。

考《かんが》えるだけでウンザリだが、濃厚《のうこう》だからこそ、じっくり考《かんが》えなくてはならない。問題《もんだい》が起《お》こるからだ。

そう、オナラには可燃《かねん》ガスが含《ふく》まれている。それも濃厚《のうこう》となると爆発《ばくはつ》の可能性《かのうせい》が出《で》てくるではないか。

宇宙《うちゅう》オナラは危険《きけん》である！　というわけで、オナラをするときには宇《う》宙《ちゅう》トイレへGO。

まめ知識

宇宙《うちゅう》オナラの作《つく》り方《かた》　オナラをするときにお尻《しり》に小《こ》ビンをあてがい、それにオナラをつめれば、地球上《ちきゅうじょう》でも宇宙《うちゅう》オナラを製造《せいぞう》できるぞ。

宇宙《うちゅう》でしたおしっこは飲《の》み水《みず》になる

ウンチは焼却処分《しょうきゃくしょぶん》。じゃあ、おしっこはというと、キレイにして飲《の》み水《みず》になる。

宇宙《うちゅう》では資源《しげん》は限《かぎ》られているから、大切《たいせつ》に再利用《さいりよう》されるのだ。

ばっちい、生理的《せいりてき》に嫌《いや》だという人《ひと》もいるかもしれない。

しかし、地球上《ちきゅうじょう》で僕《ぼく》らもおしっこをする。トイレから下水《げすい》を流《なが》れ、地《ち》球環境《きゅうかんきょう》を巡《めぐ》り巡《めぐ》ってキレイになって、再《ふたた》び飲《の》み水《みず》として飲《の》んでいる。所詮《しょせん》やっていることは同《おな》じだ。気《き》にすることはない。

まめ知識

おしっこの利用《りよう》　宇宙《うちゅう》おしっこは飲《の》み水《みず》だけでなく、電気分解《でんきぶんかい》して宇宙《うちゅう》ステーションで呼《こ》吸《きゅう》するための酸素《さんそ》にもなる。

宇宙《うちゅう》ステーションでは風邪《かぜ》をひかない

宇宙《うちゅう》ステーションでは絶対《ぜったい》に風邪《かぜ》をひかない。どんなに疲《つか》れていても、寝《ね》なくても、寒《さむ》い思《おも》いをしても、風邪《かぜ》をひくことはない。宇宙《うちゅう》には病《びょう》原菌《げんきん》もウィルスもいないからだ。

だから風邪《かぜ》を気《き》にせず、心《こころ》ゆくまでなまけることができる。

ただ、自分《じぶん》の体《からだ》の中《なか》には菌《きん》がいる。普段《ふだん》は暴《あば》れ出《だ》さないが、ぐうたらしすぎれば別《べつ》だ。例《たと》えば歯《は》みがきをさぼれば、口《くち》の中の虫歯菌《むしばきん》が増《ふ》えて虫《むし》歯《ば》になる。適当《てきとう》に歯《は》みがきくらいはしよう。

まめ知識

風邪《かぜ》のメカニズム　風邪《かぜ》はウィルスや菌《きん》が体《からだ》に入《はい》って、増殖《ぞうしょく》することで起《お》こる。入《はい》ってこなければ風邪《かぜ》は引《ひ》かないのだ。

宇宙服《うちゅうふく》は体《からだ》を冷《ひ》やす機能《きのう》がある。
これがないと焼《や》け死《し》ぬ

知《し》られざる宇宙服《うちゅうふく》の重要《じゅうよう》な機能《きのう》が、体《からだ》を冷《ひ》やすこと。マイナス270度《ど》の宇宙《うちゅう》で体《からだ》を冷《ひ》やすなんて不思議《ふしぎ》だと思《おも》うかもしれない。

理由《りゆう》は人間《にんげん》が地球上《ちきゅうじょう》で進化《しんか》したから。地球上《ちきゅうじょう》だと体温《たいおん》は空気《くうき》にもっていかれてしまう。だから、体《からだ》は常《つね》に熱《ねつ》を作《つく》り続《つづ》けなければならない。

しかし、宇宙《うちゅう》だと問題《もんだい》が起《お》こる。空気《くうき》がないため体温《たいおん》が逃《に》げないのだ。

体《からだ》はいつも熱《ねつ》を作《つく》り出《だ》すようにできているので、熱《ねつ》の逃《に》げない宇宙《うちゅう》でもお構《かま》いなしに熱《ねつ》を作《つく》り続《つづ》けてしまう。そして、自分《じぶん》を焼《や》き殺《ころ》すまで温《あたた》めてしまう。

なんて余計《よけい》なことをするんだと思《おも》うけれど、宇宙《うちゅう》で生《い》きるための進化《しんか》をしてこなかったから仕方《しかた》ない。だから宇宙服《うちゅうふく》で体《からだ》を冷《ひ》やすんだ。

まめ知識

恒温動物《こうおんどうぶつ》　人間《にんげん》は恒温動物《こうおんどうぶつ》だ。恒温動物《こうおんどうぶつ》は生《い》きるために熱《ねつ》を作《つく》り続《つづ》ける。

宇宙《うちゅう》ステーションは地面《じめん》スレスレを飛《と》ぶ

宇宙ステーションは
このぐらいの
高さで飛んでいる！
タネ
えー

宇宙《うちゅう》ステーションは、名前《なまえ》に宇宙《うちゅう》とついているから、地球《ちきゅう》からとっても離《はな》れたところを飛《と》んでいると思《おも》ってしまう。

でも実《じつ》は、地球《ちきゅう》スレスレのとっても低《ひく》いところを飛《と》んでいるんだ。

地球《ちきゅう》をスイカだとすると、宇宙《うちゅう》ステーションが飛《と》んでいる場所《ばしょ》は、スイカの種《たね》1個分《こぶん》の高《たか》さでしかない。結構近《けっこうちか》い。

まめ知識

宇宙《うちゅう》ステーションの高度《こうど》　宇宙《うちゅう》ステーションの高度《こうど》は約《やく》400km。地球《ちきゅう》の直径《ちょっけい》が12742km。

人工衛星《じんこうえいせい》はサビない

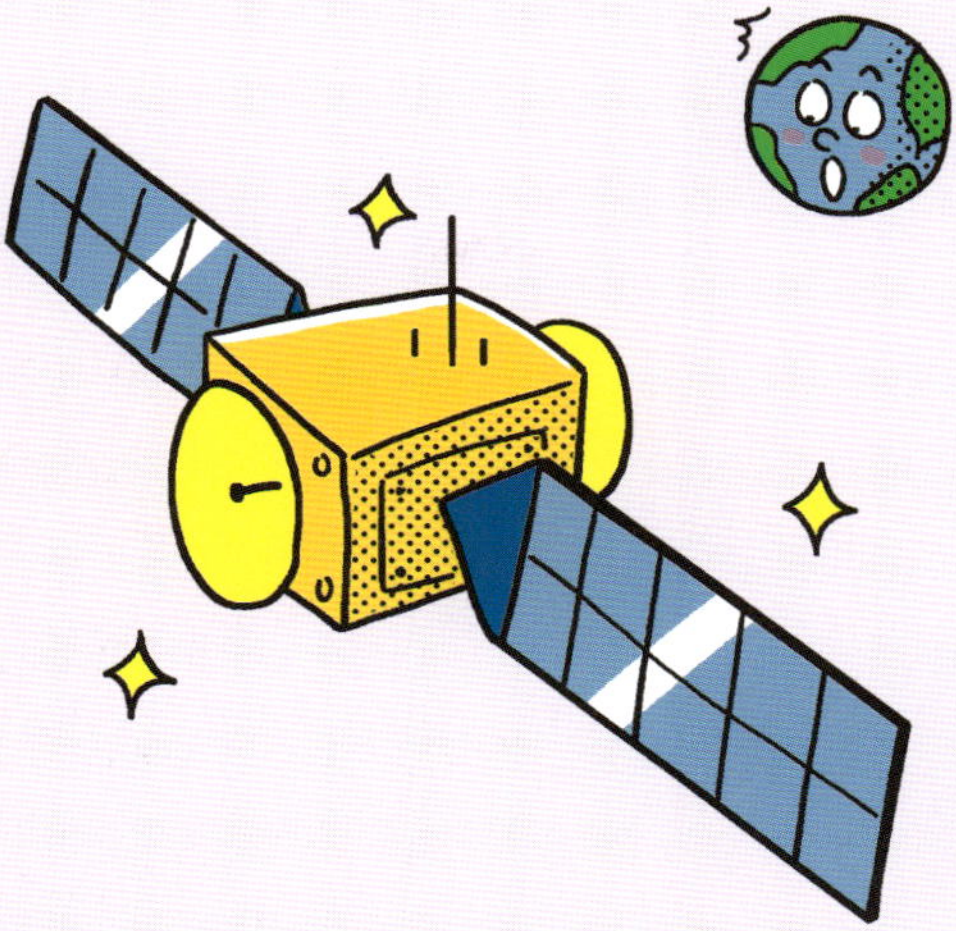

人工衛星《じんこうえいせい》はどんなに長《なが》い年月《ねんげつ》が経《た》とうとも、サビることはない。同様《どうよう》に月面《げつめん》に置《お》いてきた着陸船《ちゃくりくせん》や月面《げつめん》バギーもサビずに綺麗《きれい》に残《のこ》っている。

宇宙《うちゅう》や月面《げつめん》では、金属《きんぞく》がサビることができないのだ。サビは空気中《くうきちゅう》の酸素《さんそ》と金属《きんぞく》が結《むす》びつくことでできる。宇宙《うちゅう》や月面《げつめん》には酸素《さんそ》がないので、サビないのだ。

ちなみにプラスチックやゴムはボロボロになってしまう。太陽光《たいようこう》からの紫外線《しがいせん》によって破壊《はかい》されてしまうからだ。

まめ知識

人工衛星《じんこうえいせい》の劣化《れっか》　人工衛星《じんこうえいせい》はサビて劣化《れっか》することはないが、燃料《ねんりょう》の減少《げんしょう》で劣化《れっか》する。姿勢《しせい》や軌道《きどう》を保《たも》つために燃料《ねんりょう》を使《つか》うためだ。燃料《ねんりょう》が切《き》れると役立《やくた》たずになって、宇宙《うちゅう》ゴミになってしまう。

宇宙《うちゅう》ステーションは空気《くうき》の中《なか》にある

宇宙《うちゅう》ステーションは結構《けっこう》空気《くうき》の厚《あつ》いところを飛《と》んでいる。だから、空《くう》気《き》抵抗《ていこう》を受《う》けて地球《ちきゅう》に落《お》ちてしまう。そのため時々《ときどき》エンジンを噴射《ふんしゃ》して落《お》ちないように頑張《がんば》っている。

宇宙《うちゅう》ステーションだけでなく、大《たい》概《がい》のロケットも人工衛星《じんこうえいせい》も、飛《と》んでいる場所《ばしょ》は地球《ちきゅう》の空気《くうき》の中《なか》。宇宙《うちゅう》というより地球《ちきゅう》のちょっと上空《じょうくう》での出《で》来事《きごと》なのだ。

それもそのはず。地球《ちきゅう》から遠《とお》く離《はな》れるのはとても大変《たいへん》だし、ほとんどの人工衛星《じんこうえいせい》は、地球上《ちきゅうじょう》の観察《かんさつ》や通信《つうしん》に使《つか》われているから、近《ちか》いほうがいい。

まめ知識

宇宙《うちゅう》ステーションの周《まわ》りの空気《くうき》　宇宙《うちゅう》ステーションの高度《こうど》には、1リットルあたり1兆個《ちょうこ》くらいの空気原子《くうきげんし》が漂《ただよ》っているぞ。

落《お》ちない工夫《くふう》　宇宙《うちゅう》ステーションが高度《こうど》を上《あ》げるためには、ドッキングした補給船《ほきゅうせん》のエンジンを使《つか》っている。

宇《う》宙《ちゅう》はゴミでいっぱい

地《ち》球《きゅう》のすぐ近《ちか》くの宇《う》宙《ちゅう》はゴミでいっぱいだ。その量《りょう》はおおよそ4500トン。壊《こわ》れた人工衛星《じんこうえいせい》や、ロケットの部品《ぶひん》、宇宙飛行士《うちゅうひこうし》の落《お》とし物《もの》など様々《さまざま》だ。

このゴミの厄介《やっかい》なところは、新幹《しんかん》線《せん》の約100倍《ばい》の速度《そくど》で飛《と》んでいること。とても速《はや》いため、ピストルの弾《たま》みたいに危険《きけん》だ。宇宙船《うちゅうせん》にぶつかったら、宇宙船《うちゅうせん》は粉々《こなごな》に破壊《はかい》されてしまうかもしれない。

このまま増《ふ》え続《つづ》けたら人類《じんるい》は宇宙《うちゅう》に出《で》られなくなり、地球《ちきゅう》に閉《と》じ込《こ》められてしまう。対策《たいさく》も考《かんが》えられているが、まだ有効《ゆうこう》なものはない。

まめ知識

スペースデブリ 宇宙《うちゅう》ゴミのこと。人工衛星《じんこうえいせい》で大《おお》きなゴミの掃除《そうじ》をしようという計画《けいかく》もあるぞ。

宇宙《うちゅう》はどこでも重力《じゅうりょく》がある

宇宙《うちゅう》は無重力《むじゅうりょく》といわれているけれど、無重力《むじゅうりょく》の場所《ばしょ》なんて宇宙《うちゅう》のどこにもない。

重力《じゅうりょく》は無限《むげん》のかなたまで届《とど》く力《ちから》だ。地球《ちきゅう》の重力《じゅうりょく》は、たとえ宇宙《うちゅう》の果《は》てまで行《い》っても届《とど》く。

地球《ちきゅう》の重力《じゅうりょく》と同《おな》じく、あらゆる星《ほし》や宇宙《うちゅう》にあるすべてのものの重力《じゅうりょく》は、どんなに遠《とお》くてもあなたまで届《とど》いている。

どこにいても必《かなら》ず重力《じゅうりょく》がある。宇《う》宙《ちゅう》に無重力《むじゅうりょく》の場所《ばしょ》なんてないんだ。

まめ知識

重力《じゅうりょく》　音《おと》や光《ひかり》は離《はな》れるだけ弱《よわ》くなる。重力《じゅうりょく》も同《おな》じで、離《はな》れれば離《はな》れるほど弱《よわ》くなる。音《おと》や光《ひかり》と違《ちが》い、遮《さえぎ》られても重力《じゅうりょく》は伝《つた》わる。

あなたはすでに無重力《むじゅうりょく》を体験《たいけん》している

無重力《むじゅうりょく》。もしも宇宙《うちゅう》に行《い》けたら体《たい》験《けん》したいことだけれど、実《じつ》はあなたは何度《なんど》も体験《たいけん》している！

例《たと》えば、階段《かいだん》からジャンプして、ふわっと落《お》ちる。これこそが無重力《むじゅうりょく》の正体《しょうたい》だ。はたから見《み》ていると、ただ落《お》ちているだけ。しかし、落《お》ちている人《ひと》には紛《まぎ》れもない無重力《むじゅうりょく》だ。

これはへ理屈《りくつ》やこじつけではなく、宇宙《うちゅう》に行《い》ったときの無重力《むじゅうりょく》と原理《げんり》も現象《げんしょう》も全《まった》く同《おな》じだ。

赤《あか》ちゃんがあやされるとき、ジェットコースターが落《お》ちるとき、ジャングルジムから飛《と》び降《お》りるとき……。私《わたし》たちは無重力《むじゅうりょく》が大好《だいす》きだ。

まめ知識

重力《じゅうりょく》　重力《じゅうりょく》に引《ひ》かれて落《お》ちているのは、はたから見《み》ている人はそれが分《わ》かるけれど、重力《じゅうりょく》に引《ひ》かれている人《ひと》はそれに気付《きづ》くことができない。重力は落ちている人には体感できない力《ちから》なのだ。

飛行機《ひこうき》で本格的《ほんかくてき》な無重力体験《むじゅうりょくたいけん》ができる

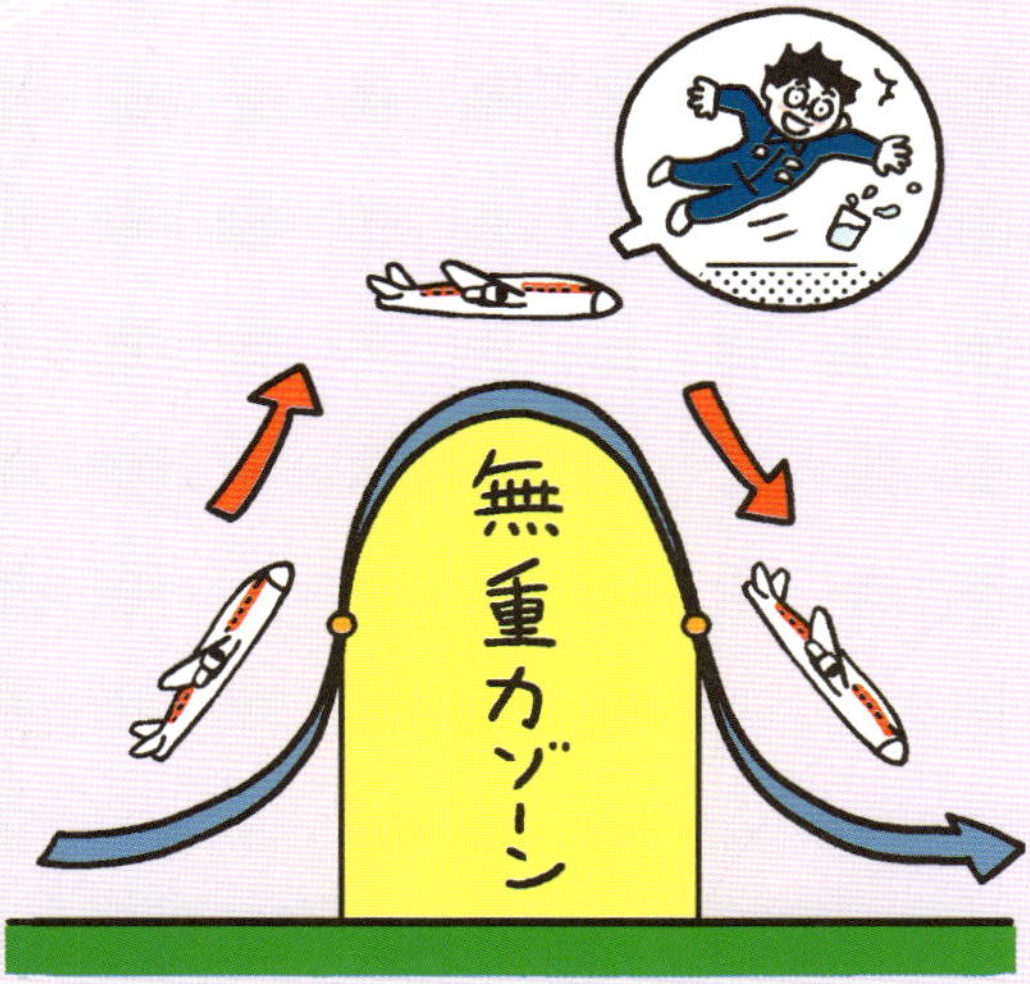

無重力《むじゅうりょく》を体験《たいけん》するのに階段《かいだん》からジャンプじゃ物足《ものた》りない？　そんなあなたには無重力《むじゅうりょく》フライトがおすすめ。飛行機《ひこうき》で数千《すうせん》メートル上《あ》がり、一《いっ》気《き》に落下《らっか》する。これで30秒程度《びょうていど》の本《ほん》格的《かくてき》な無重力体験《むじゅうりょくたいけん》ができる。飛行機《ひこうき》の中《なか》だけれど、宇宙飛行士《うちゅうひこうし》と同《おな》じでフワフワ飛《と》べる。

これは実際《じっさい》に宇宙飛行士《うちゅうひこうし》の訓練《くんれん》でも使《つか》われている。原理《げんり》は宇宙《うちゅう》と同《おな》じだ。

無重力体験《むじゅうりょくたいけん》はロケットや宇宙《うちゅう》ステーションに限《かぎ》らず、飛行機《ひこうき》でもできるのだ。

まめ知識

無重力《むじゅうりょく》フライト　日本《にほん》でも愛知県《あいちけん》の小牧空港《こまきくうこう》から飛《と》ぶ飛行機《ひこうき》で行《おこな》われているぞ。

宇宙《うちゅう》に行《い》くと身長《しんちょう》が伸《の》びる

宇宙《うちゅう》ステーションで長時間《ちょうじかん》無重力《むじゅうりょく》を体験《たいけん》すると身長《しんちょう》が伸《の》びる。大体《だいたい》1～2㎝、人《ひと》によっては7㎝くらい伸《の》びるそうだ。理由《りゆう》は背骨《せぼね》の軟骨《なんこつ》に重力《じゅうりょく》の負担《ふたん》がなくなるため。

ちなみに、宇宙《うちゅう》に行《い》って身長《しんちょう》が伸《の》びたと喜《よろこ》んでも、ぬか喜《よろこ》びだ。地球《ちきゅう》に戻《もど》れば、また元《もと》の身長《しんちょう》に戻《もど》ってしまう。

同様《どうよう》のことは地球上《ちきゅうじょう》でも再現《さいげん》できる。例《たと》えば、寝《ね》ている間《あいだ》は背骨《せぼね》の軟骨《なんこつ》に重力《じゅうりょく》の負担《ふたん》がかかりにくい。寝起《ねお》きすぐに身長《しんちょう》を測《はか》れば、普段《ふだん》より身長《しんちょう》が高《たか》くなるぞ。

まめ知識

無重力《むじゅうりょく》が与《あた》える影響《えいきょう》 無重力《むじゅうりょく》だと筋肉《きんにく》を使《つか》わなくなるので、筋力《きんりょく》が衰《おとろ》えてしまうぞ。

宇宙《うちゅう》ステーションは地球《ちきゅう》に落《お》ち続《つづ》けている

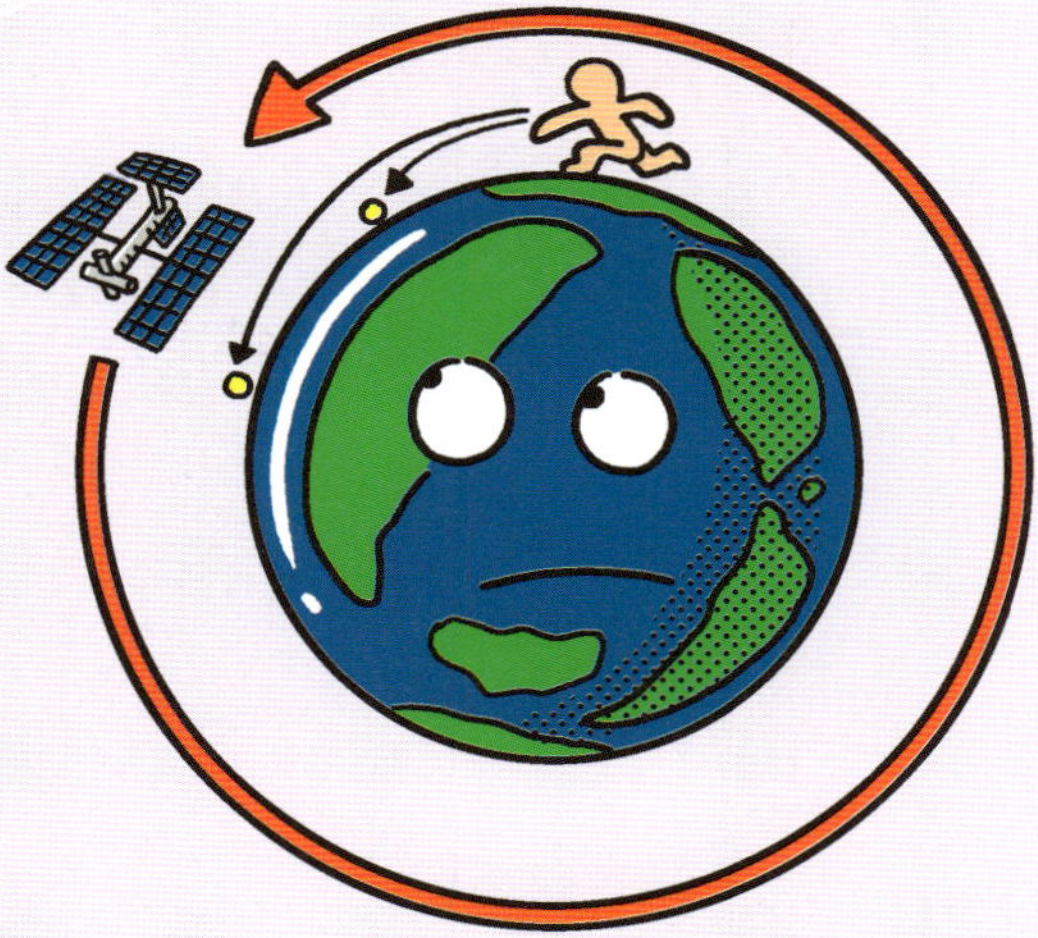

　無重力《むじゅうりょく》は、落《お》ちている人《ひと》だけが感《かん》じることができる。宇宙《うちゅう》ステーションもまた、落《お》ちることで中《なか》の人《ひと》にとって無重力《むじゅうりょく》ができあがっている。

　宇宙《うちゅう》ステーションが特別《とくべつ》なのは、階段《かいだん》から飛《と》び降《お》りたり飛行機《ひこうき》で落《お》ちたりするのと違《ちが》い、落《お》ち続《つづ》けることができること。とても速《はや》い速度《そくど》で飛《と》び、地球《ちきゅう》の丸《まる》みに沿《そ》って落《お》ち続《つづ》けることで、中《なか》の人《ひと》はずっと無重力状態《むじゅうりょくじょうたい》になる。

　長時間《ちょうじかん》の無重力体験《むじゅうりょくたいけん》をしたいなら、やっぱり宇宙《うちゅう》で。今《いま》なら45億円《おくえん》くらいでできるぞ。

まめ知識

落《お》ち続《つづ》ける宇宙《うちゅう》ステーション　石《いし》を投《な》げると重力《じゅうりょく》に引《ひ》かれて落《お》ちる。速《はや》く投《な》げると曲《ま》げられ方《かた》は少《すく》なく、遠《とお》くまで届《とど》く。もっと速《はや》く投《な》げると地球《ちきゅう》の丸《まる》みに沿《そ》って延々《えんえん》と落下《らっか》し続《つづ》ける。

宇宙《うちゅう》ツアーの宇宙《うちゅう》にいる時間《じかん》はたった数十秒《すうじゅうびょう》

近年《きんねん》話題《わだい》の民間《みんかん》宇宙旅行《うちゅうりょこう》。宇宙《うちゅう》に誰《だれ》でも行《い》けるようにと、現在《げんざい》も開発《かいはつ》が進《すす》んでいる。一番人気《いちばんにんき》は3000万円《まんえん》の宇宙《うちゅう》ツアーだ。このツアーでは宇宙船《うちゅうせん》に乗《の》り込《こ》み、ロケットブースターで加速《かそく》して一気《いっき》に宇宙《うちゅう》に達《たっ》する！

しかし、ほんの数十秒後《すうじゅうびょうご》、地球《ちきゅう》に帰還《きかん》してしまうのだ。

2004年《ねん》くらいから、「来年《らいねん》には誰《だれ》でも宇宙《うちゅう》に行《い》けるようになる！」という言葉《ことば》を毎年《まいとし》聞《き》いてはいるが、2018年《ねん》の段階《だんかい》でまだサービスは開始《かいし》されていない。

まめ知識

サブオービタル飛行《ひこう》　民間宇宙旅行《みんかんうちゅうりょこう》で主《おも》に行《おこな》われようとしている宇宙飛行《うちゅうひこう》の方法《ほうほう》。野球《やきゅう》ボールを空《そら》に投《な》げるのと同《おな》じ。一瞬宇宙《いっしゅんうちゅう》に出《で》たら、重力《じゅうりょく》に引《ひ》かれてすぐ降《お》りてくる。

宇宙《うちゅう》ステーションでは1日《にち》が90分《ぷん》

宇宙《うちゅう》ステーションは新幹線《しんかんせん》の100倍《ばい》ほどの速度《そくど》で地球《ちきゅう》を回《まわ》っている。とても速《はや》いので、あっという間《ま》に地《ち》球《きゅう》を一周《いっしゅう》してしまう。

そのため、1日《にち》の長《なが》さはわずか90分《ぷん》。地球《ちきゅう》の影《かげ》に入《はい》る45分《ふん》が夜《よる》で、太《たい》陽側《ようがわ》を飛《と》ぶ45分《ふん》が昼間《ひるま》。地球《ちきゅう》で1日《にち》過《す》ぎる間《あいだ》に、宇宙《うちゅう》ステーションでは16回太陽《かいたいよう》が昇《のぼ》り降《お》りする。

目《め》まぐるしく昼《ひる》と夜《よる》が変《か》わるので、宇宙飛行士《うちゅうひこうし》は寝《ね》られなくて苦労《くろう》するらしい。

まめ知識

宇宙《うちゅう》で寝《ね》るには　宇宙《うちゅう》で眠《ねむ》っていると、寝《ね》ている間《あいだ》にフワフワとどこかに飛《と》んで行《い》ってしまうので、体《からだ》を縛《しば》り付《つ》けて寝《ね》ることになっている。

宇宙《うちゅう》に行《い》くために大自然《だいしぜん》でサバイバル訓練《くんれん》をする

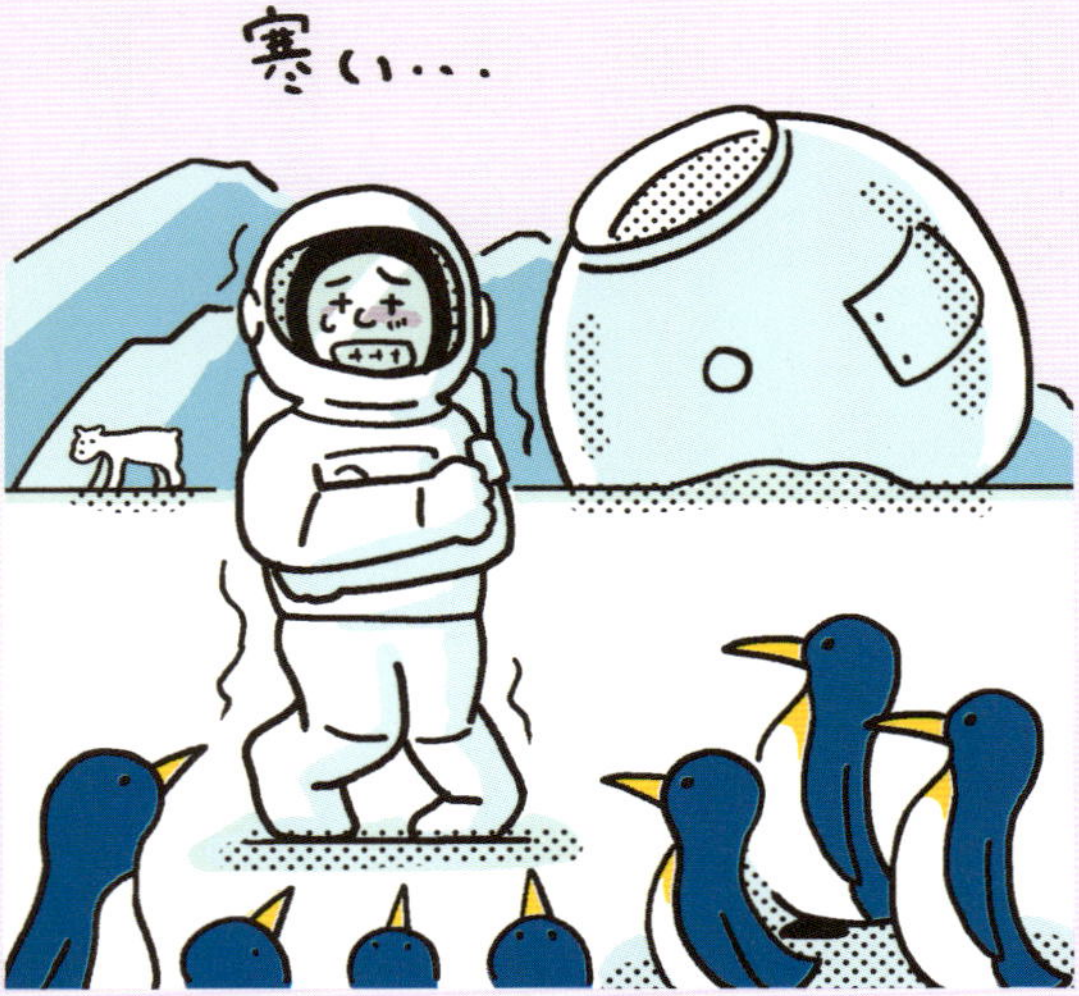

宇宙飛行士《うちゅうひこうし》は宇宙《うちゅう》に行《い》くのに、地《ち》球上《きゅうじょう》のどんな場所《ばしょ》でもサバイバルできる能力《のうりょく》が必要《ひつよう》だ。

打《う》ち上《あ》げ直後《ちょくご》や地球帰還時《ちきゅうきかんじ》にトラブルがあると、宇宙船《うちゅうせん》は予定《よてい》していた着陸地点《ちゃくりくちてん》からずっと離《はな》れた場所《ばしょ》に降《お》りてしまうことがある。そこは真《ま》冬《ふゆ》の北極圏《ほっきょくけん》だったり、砂漠《さばく》のど真《ま》ん中《なか》だったり、嵐《あらし》の太平洋《たいへいよう》だったりする。

宇宙《うちゅう》に行《い》くため、いや地球《ちきゅう》に帰《かえ》るためにサバイバル訓練《くんれん》が必要《ひつよう》なのだ。家《いえ》に着《つ》くまでが宇宙旅行《うちゅうりょこう》なのだ。

まめ知識

ロケットの打《う》ち上《あ》げ　ロケットは打《う》ち上《あ》げ時《じ》と着陸時《ちゃくりくじ》に最《もっと》も危険《きけん》が伴《ともな》う。自動車《じどうしゃ》や飛行《ひこう》機《き》に比《くら》べればはるかに事故《じこ》を起《お》こしやすいため、ロケットは今《いま》でも命《いのち》がけの乗《の》り物《もの》なのだ。

宇宙飛行士《うちゅうひこうし》は若《わか》いとダメ。歳《とし》をとっていてもダメ

宇宙飛行士《うちゅうひこうし》は若《わか》くてもなれないし、歳《とし》をとってもなることができない。過去《かこ》の宇宙飛行士《うちゅうひこうし》の年齢《ねんれい》は26～46歳《さい》だ。平均年齢《へいきんねんれい》は34歳《さい》。

これには理由《りゆう》があり、若《わか》い人《ひと》は細《さい》胞分裂《ぼうぶんれつ》が活発《かっぱつ》であるため、宇宙放射《うちゅうほうしゃ》線《せん》の影響《えいきょう》を受《う》けるためだ。

また、宇宙《うちゅう》での任務《にんむ》は過酷《かこく》で体力《たいりょく》がいることから年齢《ねんれい》が行《い》き過《す》ぎている人《ひと》もまた選抜《せんばつ》されない。

まめ知識

宇宙放射線《うちゅうほうしゃせん》　宇宙《うちゅう》では太陽《たいよう》や宇宙《うちゅう》から放射線《ほうしゃせん》が飛《と》んでくるぞ。

宇宙飛行士《うちゅうひこうし》の給料《きゅうりょう》は安《やす》い

宇宙飛行士《うちゅうひこうし》は高度《こうど》な専門職《せんもんしょく》で、エリート中《ちゅう》のエリート。しかも命《いのち》の危険《きけん》もある。さらに言《い》うと、宇宙飛行士《うちゅうひこうし》になったからといって宇宙《うちゅう》にすぐ行《い》けるわけではない。訓練《くんれん》の日々《ひび》が続《つづ》き、場合《ばあい》によっては10年近《ねんちか》く待《ま》たされることもある。運《うん》が悪《わる》いと宇宙《うちゅう》に行《い》けずに終《お》わることすらある。どうなるか分《わ》からなくても、ひたすら訓練《くんれん》を重《かさ》ねなくてはいけない。

こんなに過酷《かこく》なのだから、当然給《とうぜんきゅう》料《りょう》は高《たか》いと思《おも》うが、実《じつ》は安《やす》いのだ。月給《げっきゅう》30数万円《すうまんえん》ほど。信念《しんねん》と情熱《じょうねつ》こそが宇宙飛行士《うちゅうひこうし》を宇宙飛行士《うちゅうひこうし》にしているのかもしれない。

まめ知識

宇宙飛行士選抜試験《うちゅうひこうしせんばつしけん》　数年《すうねん》に一度《いちど》募集《ぼしゅう》される。専門性《せんもんせい》の高《たか》い知識《ちしき》があり、語学《ごがく》が堪能《たんのう》で、コミュニケーション能力《のうりょく》があり、体力《たいりょく》と精神力《せいしんりょく》のある人《ひと》が選《えら》ばれる。

クマムシは宇宙《うちゅう》でも死《し》なないけど、動《うご》けない

地球上最強《ちきゅうじょうさいきょう》の生物《せいぶつ》、クマムシ。熱《ねっ》帯《たい》から極寒地域《ごっかんちいき》、超深海《ちょうしんかい》から高山《こうざん》まであらゆる場所《ばしょ》に生息《せいそく》している。

その強《つよ》さは、人間《にんげん》が即死《そくし》してしまう宇宙《うちゅう》でも生存《せいぞん》できるほどだ。宇宙《うちゅう》でも生存《せいぞん》できると聞《き》くと「すごい!」と思《おも》ってしまうが、しかしながら宇《う》宙《ちゅう》では動《うご》くことができない。動《うご》きたいのなら、人間《にんげん》と同《おな》じように宇宙服《うちゅうふく》が必要《ひつよう》だ。

0・5㎜ほどのクマムシ専用《せんよう》宇宙《うちゅう》服《ふく》はどうやって作《つく》る?

まめ知識

クマムシ　乾燥《かんそう》させても凍《こお》らせても潰《つぶ》しても放射線《ほうしゃせん》を当《あ》てても死《し》なない、丈夫《じょうぶ》な小《ちい》さな生《い》き物《もの》。

日本《にほん》が有人《ゆうじん》ロケットを打《う》ち上《あ》げないのは、お金《かね》がないから

日本《にほん》は世界有数《せかいゆうすう》のロケット技術《ぎじゅつ》を持《も》つ国《くに》であるが、人《ひと》をロケットで飛《と》ばしたことがない。

その理由《りゆう》は技術《ぎじゅつ》がないというよりは、有人飛行《ゆうじんひこう》はお金《かね》がかかるのに、得《え》られるものが少《すく》ないからだ。

人《ひと》を飛《と》ばすためには、特別《とくべつ》の訓練《くんれん》をするための設備《せつび》がいる。人《ひと》が乗《の》るための新《あたら》しい専用《せんよう》の装備《そうび》もいる。そして今《いま》より広《ひろ》く研究《けんきゅう》をしないといけない。どれもとてもお金《かね》がかかる。

JAXA《ジャクサ》（宇宙航空研究開発機構《うちゅうこうくうけんきゅうかいはつきこう》）は人員《じんいん》と予算《よさん》が限《かぎ》られているため、その余裕《よゆう》がない。そのため、できる国《くに》（ロシア）に協力《きょうりょく》してもらっているのだ。

まめ知識

有人宇宙船《ゆうじんうちゅうせん》　現在宇宙《げんざいうちゅう》に人《ひと》を運《はこ》べる国《くに》はロシアと中国《ちゅうごく》だけだ。アメリカも以前《いぜん》はスペースシャトルなどの有人宇宙船《ゆうじんうちゅうせん》があったが、今《いま》は日本同様《にほんどうよう》にロシアにお願《ねが》いしている。

スペースシャトルが引《いん》退《たい》した理《り》由《ゆう》は、お財《さい》布《ふ》事《じ》情《じょう》

宇宙《うちゅう》を行《い》き来《き》できるスペースシャトルは、みんなの憧《あこが》れだった。しかし引退《いんたい》してしまった。まだまだ飛《と》べる状態《じょうたい》だったのに。

引退《いんたい》した理由《りゆう》は多発《たはつ》した爆発事故《ばくはつじこ》のせいだと思《おも》われているが、そうではない。事故率《じこりつ》はロケットとほとんど変《か》わらなかったからだ。

真《しん》の問題《もんだい》は、費用《ひよう》。何度《なんど》も飛《と》ばせるシャトルはお金《かね》がかからないようで、とてもお金《かね》がかかった。NASA《ナサ》（アメリカ航空宇宙局《こうくううちゅうきょく》）が使《つか》えるお金《かね》は限《かぎ》りがある。でも新《あたら》しい研究《けんきゅう》をしたい。それで仕方《しかた》なくスペースシャトルを廃止《はいし》したのだ。

今《いま》、宇宙《うちゅう》ステーションも負担《ふたん》になっている。宇宙《うちゅう》ステーションも廃止《はいし》される日《ひ》が近《ちか》づいているのだ。

まめ知識

月面基地《げつめんきち》 火星基地計画《かせいきちけいかく》 新《あたら》しい宇宙開発《うちゅうかいはつ》の舞台《ぶたい》は月《つき》と火星《かせい》。人類《じんるい》の活動《かつどう》の場所《ばしょ》を、地《ち》球《きゅう》以外《いがい》の星《ほし》にまで広《ひろ》げようとしているのだ。

ロケットとミサイルの違《ちが》いはビミョー

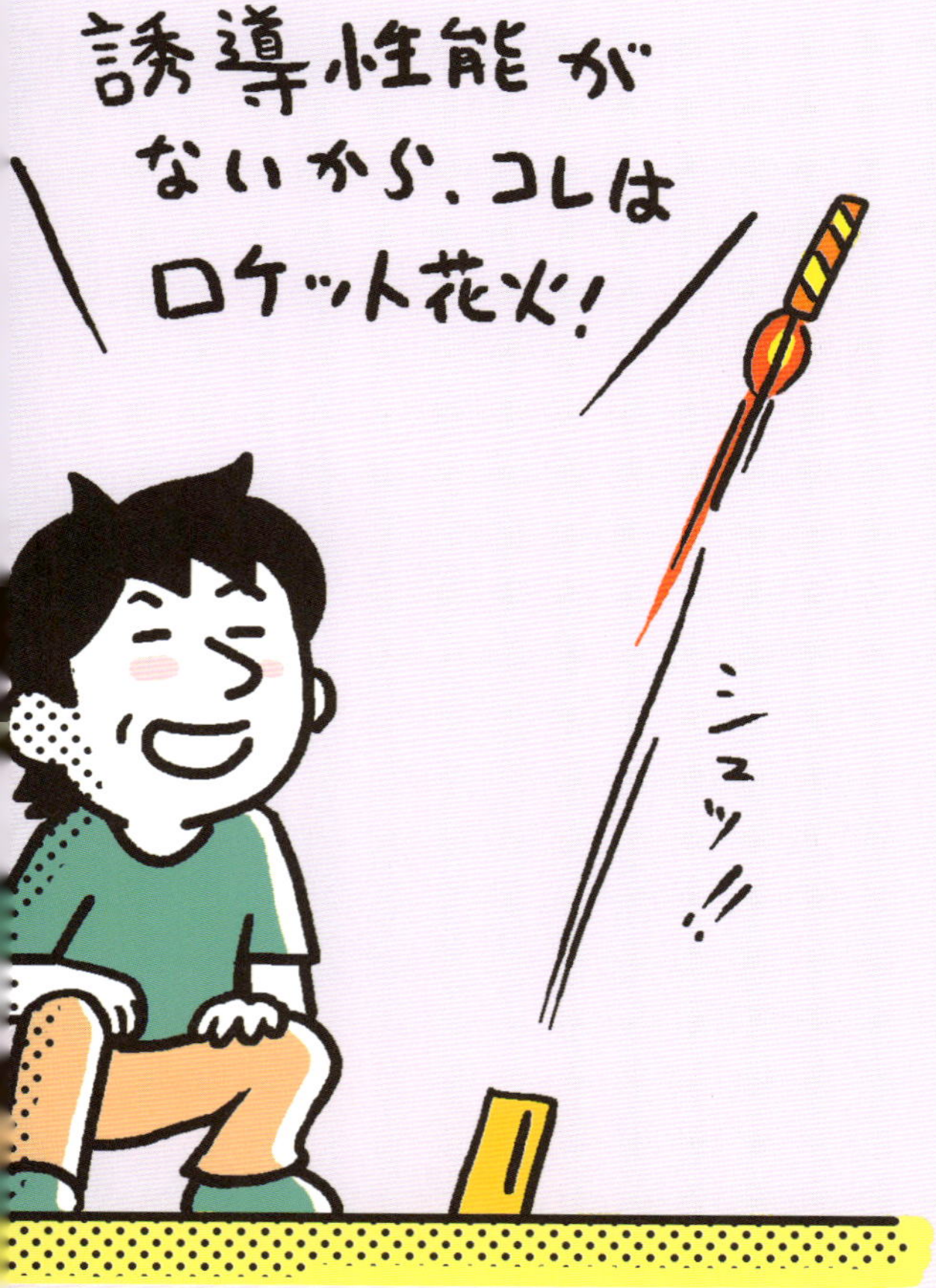

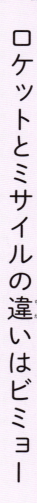

ロケットとミサイルは似《に》ているけれど、一応《いちおう》は違《ちが》うもの。

誘導性能《ゆうどうせいのう》があるものをミサイル、ないものをロケットと呼《よ》ぶ。

ロケット花火《はなび》は誘導《ゆうどう》しないからロケット。ペットボトルロケットもロケット。戦闘機《せんとうき》やイージス艦《かん》が発射《はっしゃ》するのは誘導性能《ゆうどうせいのう》があるからミサイル、という具合《ぐあい》だ。

しかし、弾道《だんどう》ミサイルは誘導性能《ゆうどうせいのう》なしでも目的地《もくてきち》を攻撃《こうげき》できる。定義《ていぎ》通《どお》りならロケットということになる。しかしミサイルと呼《よ》ばれている。

さらに、世界《せかい》には弾道《だんどう》ミサイルを転用《てんよう》した宇宙《うちゅう》ロケットも数多《かずおお》くあるし、そもそも宇宙《うちゅう》ロケットは弾道《だんどう》ミサイルから開発《かいはつ》されているから、やっぱりミサイルとロケットの違《ちが》いはビミョーだ。

まめ知識

R-7（ソ連《れん》）、レッドストーン（アメリカ） 宇宙開発初期《うちゅうかいはつしょき》に作《つく》られたこれらのロケットは、弾道《だんどう》ミサイルからの転用《てんよう》だ。そもそも宇宙《うちゅう》ロケットの元祖《がんそ》はミサイルだ。

誘導《ゆうどう》 ターゲット（標的《ひょうてき》）を追《お》いかけ命中《めいちゅう》させようとすること。

宇宙船《うちゅうせん》は燃料切《ねんりょうぎ》れでも飛《と》び続《つづ》けてしまう

車《くるま》や飛行機《ひこうき》は燃料《ねんりょう》がなくなったら進《すす》むことができないが、宇宙船《うちゅうせん》は燃《ねん》料《りょう》がなくなっても飛《と》び続《つづ》けることができる。

燃料《ねんりょう》いらずで飛《と》び続《つづ》けるなんて、節約《せつやく》できてラッキーと思《おも》うかもしれないが、これはとても厄介《やっかい》なことだ。延々《えんえん》と飛《と》び続《つづ》け、止《と》まることができないからだ。

宇宙船《うちゅうせん》が止《と》まるためには、燃料《ねんりょう》を必要《ひつよう》とする。燃料《ねんりょう》を使《つか》って進《すす》んでいる方向《ほうこう》の逆向《ぎゃくむ》きにエンジンを噴射《ふんしゃ》して減速《げんそく》するのだ。地球軌道上《ちきゅうきどうじょう》で燃料《ねんりょう》を使《つか》い切《き》ってしまうと地球《ちきゅう》に帰《かえ》れず、宇宙《うちゅう》を永遠《えいえん》に漂《ただよ》い続《つづ》けてしまうのだ。

まめ知識

慣性《かんせい》の法則《ほうそく》　力《ちから》が働《はたら》いていない時《とき》は、止《と》まっている物体《ぶったい》は止《と》まり続《つづ》け、動《うご》いている物体《ぶったい》はそのままの速度《そくど》で移動《いどう》するという、運動《うんどう》の第一法則《だいいちほうそく》。

宇宙《うちゅう》に放《ほう》り出《だ》されたら 90秒《びょう》で死《し》ぬ

もしも宇宙服《うちゅうふく》を着《き》ずに宇宙船《うちゅうせん》から放《ほう》り出《だ》されたら、90秒間《びょうかん》で死《し》ぬ。死因《しいん》は窒息《ちっそく》。肺《はい》の空気《くうき》が宇宙《うちゅう》に出《で》て行《い》ってしまって、呼吸《こきゅう》ができなくなるからだ。

息《いき》を止《と》めればよいと思《おも》うかもしれない。しかし、宇宙《うちゅう》では息《いき》を止《と》めることができない。肺《はい》から空気《くうき》が強《つよ》い力《ちから》であふれ出《だ》すからだ。口《くち》と鼻《はな》をふさいでも、空気《くうき》は鼻《はな》から耳《みみ》を通《とお》って鼓膜《こまく》を破《やぶ》って体《からだ》から逃《に》げていくだろう。

窒息《ちっそく》した亡骸《なきがら》は、穏《おだ》やかに沸騰《ふっとう》しながら凍《こお》っていく。そしてミイラになってしまう。

まめ知識

体《からだ》から空気《くうき》が漏《も》れ出《だ》す理由《りゆう》　宇宙《うちゅう》の気圧《きあつ》がとても低《ひく》いから。気圧《きあつ》が低《ひく》くなると、気体《きたい》はとても大《おお》きく膨《ふく》れ上《あ》がる。肺《はい》の中《なか》の空気《くうき》も大《おお》きく膨《ふく》れ上《あ》がって、ほとんどが体《からだ》の外《そと》に漏《も》れ出《だ》してしまうのだ。

風船《ふうせん》は宇宙開発《うちゅうかいはつ》を陰《かげ》で支《ささ》えている

風船《ふうせん》、バルーンのこと。宇宙《うちゅう》といえばロケットと思《おも》われがちだが、実《じつ》はバルーンも宇宙開発《うちゅうかいはつ》でとても役立《やくだ》っている。その証拠《しょうこ》にバルーンの研《けん》究《きゅう》や実験《じっけん》をＪＡＸＡ《ジャクサ》でもＮＡＳＡ《ナサ》でも一生懸命《いっしょうけんめい》やっている。

大《おお》きなバルーンは宇宙《うちゅう》の入《い》り口《ぐち》の空気《くうき》がほとんどなくなるところまで上《あ》がるため、バルーンを使《つか》えば様々《さまざま》な宇宙実験《うちゅうじっけん》ができる。

ロケットは宇宙《うちゅう》に飛《と》ばすと戻《もど》すのがとても難《むずか》しいけれど、バルーンは戻《もど》すのも簡単《かんたん》だ。何度《なんど》も回収《かいしゅう》して改《かい》良《りょう》することもできる。

バルーンは宇宙開発《うちゅうかいはつ》の縁《えん》の下《した》の力《ちから》持《も》ちなのだ。

宇宙《うちゅう》の入《い》り口《ぐち》まで行《い》けることを生《い》かして、バルーンを使《つか》った宇宙旅行《うちゅうりょこう》も計画《けいかく》されているぞ。

まめ知識

大気球《だいききゅう》　大《おお》きさ100 mの、宇宙実験《うちゅうじっけん》をする巨大《きょだい》な気球《ききゅう》のこと。日本《にほん》では北海道大樹町《ほっかいどうたいきちょう》で実《じっ》験《けん》が行《おこな》われているぞ。

あーん

第2章

地《ち》球《きゅう》と月《つき》の話《はなし》

僕《ぼく》たちの暮《く》らす星《ほし》、地球《ちきゅう》。そして地球《ちきゅう》を回《まわ》る月《つき》。
よく知《し》っているつもりが、へんてこりんだらけだ。

流《なが》れ星《ぼし》に願《ねが》いをとなえるのはとても簡単《かんたん》

流《なが》れ星《ぼし》に3度《ど》願《ねが》いを唱《とな》えると現実《げんじつ》になる、という言《い》い伝《つた》えがある。

しかし、流《なが》れ星《ぼし》に出会《であ》うことはほとんどないし、偶然《ぐうぜん》見《み》つけてもあっという間《ま》に消《き》えてしまう。願《ねが》いを唱《とな》えるヒマがない。そんなお悩《なや》みのあるあなたにビッグニュースだ。

実《じつ》は見《み》えないだけで流《なが》れ星《ぼし》は1秒《びょう》間《かん》に2億個以上《おくこいじょう》、1日《にち》で2兆個《ちょうこ》も地《ち》球《きゅう》に降《ふ》り注《そそ》いでいる。見《み》えないだけで、いつでも大量《たいりょう》に流《なが》れているのだ。だから、あなたは好《す》きな時《とき》に好《す》きなだけ煩悩《ぼんのう》を唱《とな》え続《つづ》けることができるのだ。

まめ知識

流《なが》れ星《ぼし》 地球《ちきゅう》の大気《たいき》に突《つ》っ込《こ》んで、燃《も》え尽《つ》きる小《ちい》さな岩《いわ》やチリのこと。燃《も》え尽《つ》きずに落《お》ちてくると隕石《いんせき》になる。

「星《ほし》の数《かず》ほど」というけれど、見《み》える星《ほし》はせいぜい1000個《こ》

星《ほし》の数《かず》ほど。すごく多《おお》く、いくらでもあることの例《たと》えだ。

ふられて気《き》を落《お》としている人《ひと》に、「女《おんな》（男《おとこ》）なんて星《ほし》の数《かず》ほどいるよ」などと使《つか》う。

しかし、実際《じっさい》地上《ちじょう》から見《み》える星《ほし》の数《かず》は、せいぜい1000個《こ》。さらに言《い》うと、都会《とかい》の夜空《よぞら》には20個《こ》くらいしか見《み》えない。街《まち》の明《あか》るさに星《ほし》の光《ひかり》が負《ま》けてしまうからだ。

星《ほし》の数《かず》は少《すく》ない。出会《であ》いは大切《たいせつ》にしたほうがいいかも。

まめ知識

地球上《ちきゅうじょう》から肉眼《にくがん》で見《み》える星《ほし》　現代人《げんだいじん》は昔《むかし》の人《ひと》より目《め》が悪《わる》いので、4等星《とうせい》くらいまでしか肉眼《にくがん》で見《み》えない。目《め》がよければ6等星《とうせい》まで見《み》えるそうだ。

月《つき》は見《み》知《し》らぬおっさんのもの!?

月《つき》の土地《とち》が売《う》られているのは有名《ゆうめい》だ。しかし、売《う》るということは、そもそも誰《だれ》かのものであるということ。宇宙条約《うちゅうじょうやく》によって天体《てんたい》はどこの国《くに》のものでもない、と決《き》まっている。しかし、個人《こじん》や会社《かいしゃ》が駄目《だめ》とは書《か》いていなかった。

この盲点《もうてん》をつき、あるアメリカ人《じん》が「月《つき》は俺《おれ》のものだー」と言《い》い張《は》って、月《つき》の土地《とち》を売《う》り始《はじ》めたというわけだ。

ちなみに、このおじさんは宇宙飛《うちゅうひ》行士《こうし》でもNASA《ナサ》の職員《しょくいん》でも政治家《せいじか》でもなんでもない。普通《ふつう》のおじさんだ。

世界中《せかいじゅう》で昔《むかし》から親《した》しまれてきた月《つき》。その月《つき》が勝手《かって》に切《き》り売《う》りされているのだ。月《つき》が開発《かいはつ》される日《ひ》も遠《とお》くないだろう。そうなったとき、皆《みな》で話《はな》し合《あ》う必要《ひつよう》がありそうだ。

まめ知識

宇宙条約《うちゅうじょうやく》　宇宙《うちゅう》の探査《たんさ》と利用《りよう》の自由《じゆう》、領有《りょうゆう》の禁止《きんし》、平和的《へいわてき》な利用《りよう》などが定《さだ》められている。

隕石《いんせき》をひろえば億万長者《おくまんちょうじゃ》になれる

地球上《ちきゅうじょう》で隕石《いんせき》ほど高価《こうか》なものはない。金《きん》やプラチナは1グラム数千円《すうせんえん》だけれど、隕石《いんせき》は1グラム百万円《ひゃくまんえん》を超《こ》えることもある。隕石《いんせき》ひとつに数《すう》億円《おくえん》の値段《ねだん》がつくことも珍《めずら》しくない。

そんなわけで、世界《せかい》には、「隕石《いんせき》ハンター」なる職業《しょくぎょう》もある。何十億《なんじゅうおく》円《えん》も稼《かせ》いでいる人《ひと》もいるのだから驚《おどろ》きだ。

あなたも隕石《いんせき》をひろって億万長者《おくまんちょうじゃ》になりたくなった？　ちょっと俗《ぞく》っぽいかもしれないが、それもまた宇《う》宙《ちゅう》のロマンだ。隕石《いんせき》を探《さが》すなら、南《なん》極《きょく》か砂漠《さばく》がおすすめだぞ。

まめ知識

隕石《いんせき》の種類《しゅるい》　鉄隕石《てついんせき》、石鉄隕石《せきてついんせき》、石質隕石《せきしついんせき》の3種類《しゅるい》に分《わ》かれる。とりわけ貴重《きちょう》で高価《こうか》なのは石鉄隕石《せきてついんせき》。

地球《ちきゅう》には2つ目《め》の月《つき》がある!?

知《し》ってる？　地球《ちきゅう》には、2つ月《つき》があったのだ。発見《はっけん》されてしばらく経《た》つけれど、誰《だれ》も知《し》らないし注目《ちゅうもく》も浴《あ》びなかった。

それもそのはず。2つ目《め》の月《つき》はとても小《ちい》さくて、ごつごつして変《へん》な形《かたち》で、肉眼《にくがん》でも見《み》えない。さらにはるか遠《とお》くを回《まわ》っていた。なんともビミョー。

誰《だれ》も注目《ちゅうもく》しないので、すねてしまったらしく最近《さいきん》どこかに飛《と》んで消《き》えてしまった。しばらくしたら、またやってくるかもしれない。その時《とき》は注目《ちゅうもく》してあげよう。

まめ知識

ミニムーン　とても小《ちい》さな小惑星《しょうわくせい》が一時的《いちじてき》に地球《ちきゅう》の重力《じゅうりょく》に捕《つか》まり、月《つき》になることがある。まだ1つしか見《み》つかっていないが、地球《ちきゅう》には複数《ふくすう》のミニムーンがあるといわれている。

月《つき》と地球《ちきゅう》の間《あいだ》は全惑星《ぜんわくせい》を並《なら》べられるくらい広《ひろ》い

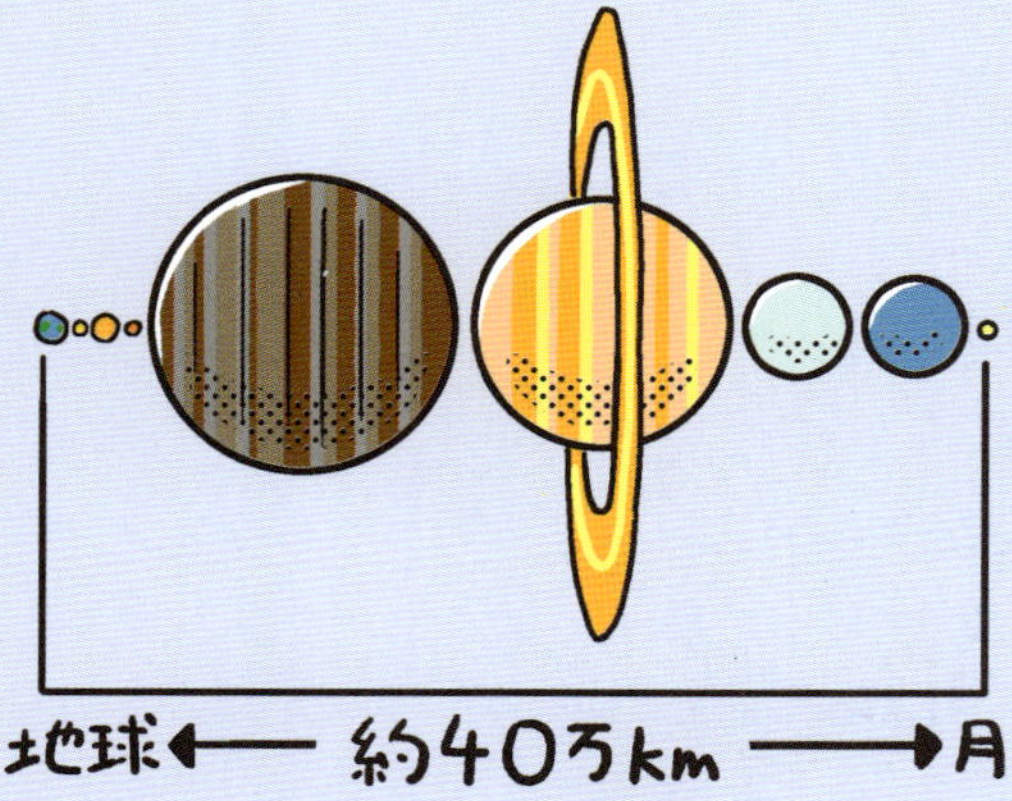

地球《ちきゅう》に最《もっと》も近《ちか》い星《ほし》、月《つき》。すぐ近《ちか》くにあると思《おも》ってしまうが、実際《じっさい》はとても遠《とお》い。

その距離は約《やく》40万km。地球《ちきゅう》10周分《しゅうぶん》だ。ちょっと分《わ》かりにくいので、地《ち》球《きゅう》との間《あいだ》に惑星《わくせい》たちを整列《せいれつ》させると、すべての惑星《わくせい》が入《はい》ってしまうのだ。

嘘《うそ》くさい？　では、計算《けいさん》してみよう。惑星《わくせい》の直径《ちょっけい》は、水星《すいせい》４８７９km、金星《きんせい》１２１０４km、火星《かせい》６７９２km、木星《もくせい》１４２９８４km、土星《どせい》１２０５３６km、天王星《てんのうせい》５１１１８km、海王星《かいおうせい》４９５２８kmだ。合計《ごうけい》は？

まめ知識

スペース（space） 宇宙《うちゅう》は英語《えいご》でスペースというが、スペースは何《なに》もない場所《ばしょ》という意《い》味《み》。宇宙《うちゅう》は本当《ほんとう》に何《なに》もない場所《ばしょ》なのだ。

放射性物質《ほうしゃせいぶっしつ》は星《ほし》の命《いのち》

やたらとやり玉《だま》にあがる放射性物質《ほうしゃせいぶっしつ》。しかし本当《ほんとう》は、地球《ちきゅう》にとってとても大切《たいせつ》なもので、放射性物質《ほうしゃせいぶっしつ》のお陰《かげ》で地球《ちきゅう》は生命《せいめい》の星《ほし》になっている。

地球《ちきゅう》の内部《ないぶ》はドロドロに溶《と》けている。地球《ちきゅう》の内部《ないぶ》なのに、どうして岩《いわ》が溶《と》けるほどの高温《こうおん》なのかというと、放射性物質《ほうしゃせいぶっしつ》によるものだ。

地球《ちきゅう》が回転《かいてん》すると磁場《じば》ができる。磁場《じば》は宇宙放射線《うちゅうほうしゃせん》から生命《せいめい》を守《まも》る。

放射性物質《ほうしゃせいぶっしつ》がなくなったら、地球《ちきゅう》は冷《ひ》えて固《かた》まり、生命《せいめい》が住《す》めない惑星《わくせい》に変《か》わってしまう。放射性物質《ほうしゃせいぶっしつ》は星《ほし》の命《いのち》なのだ。

まめ知識

質量欠損《しつりょうけっそん》　放射性物質《ほうしゃせいぶっしつ》が核分裂《かくぶんれつ》するときに重《おも》さが軽《かる》くなる。これを質量欠損《しつりょうけっそん》というが、これにより地球《ちきゅう》は毎年《まいとし》16トン軽《かる》くなっている。

生《う》まれたばかりの地球《ちきゅう》は1日《にち》が5時間《じかん》だった

1年《ねん》365日《にち》、1日《にち》24時間《じかん》は当《あ》たり前《まえ》？ 実《じつ》はそうでもなく、地球《ちきゅう》が生《う》まれてからずっと変《か》わっている。

生《う》まれたての地球《ちきゅう》は1日《にち》が約《やく》5時間《じかん》、1年《ねん》が2000日《にち》もあった。

年月《ねんげつ》が経《た》つにつれ、1日《にち》はちょっとずつ長《なが》くなり、1年《ねん》の日数《にっすう》は減《へ》り続《つづ》けて、今《いま》の24時間《じかん》365日《にち》になった。

これからも1日《にち》は長《なが》くなり、1年《ねん》の日数《にっすう》は減《へ》り続《つづ》ける。だから数億年《すうおくねん》未来《みらい》では学校《がっこう》や仕事《しごと》に行《い》く日数《にっすう》はずっと少《すく》なくなるだろう。僕《ぼく》らは生《い》きていないけどね。

まめ知識

1日《にち》の長《なが》さと月《つき》 1日《にち》の長《なが》さと月《つき》の距離《きょり》は密接《みっせつ》に関係《かんけい》している。月《つき》が近《ちか》いほど1日《にち》は短《みじか》くなり、遠《とお》ざかるほど長《なが》くなる。月《つき》は遠《とお》ざかっているから、1日《にち》は少《すこ》しずつ長《なが》くなっている。

地動説《ちどうせつ》は正《ただ》しい？

昔《むかし》むかし、地動説《ちどうせつ》と天動説《てんどうせつ》でどちらが正《ただ》しいか大《おお》いに議論《ぎろん》されたことがあった。地球《ちきゅう》を中心《ちゅうしん》に太陽《たいよう》や惑星《わくせい》が回《まわ》っていると考《かんが》えた天動説《てんどうせつ》。太陽《たいよう》を中心《ちゅうしん》に地球《ちきゅう》と他《ほか》の惑星《わくせい》が回《まわ》っているとする地動説《ちどうせつ》。今《いま》では誰《だれ》もが地動《ちどう》説《せつ》が正《ただ》しいと知《し》っている。

でも、実《じつ》は太陽《たいよう》も留《とど》まって動《うご》かないのではなく、銀河《ぎんが》を中心《ちゅうしん》に回《まわ》っている。だから太陽《たいよう》も地球《ちきゅう》も、どちらも動《うご》いている。太陽《たいよう》は2億《おく》5000万年《まんねん》くらいで銀河《ぎんが》一周《いっしゅう》するそうだ。

じゃあ、銀河《ぎんが》はというと、銀河《ぎんが》も銀《ぎん》河《が》で動《うご》いていて、近《ちか》いうち隣《となり》の銀河《ぎんが》と衝突《しょうとつ》するそうだ。

まめ知識

地動説《ちどうせつ》　もちろん正《ただ》しい。どこを中心《ちゅうしん》に考《かんが》えるかの問題《もんだい》であって、太陽《たいよう》は絶対的《ぜったいてき》に止《と》まっているものではない。

アンドロメダ銀河《ぎんが》　銀河系《ぎんがけい》の隣《となり》にある銀河《ぎんが》で、約《やく》40億年後《おくねんご》に銀河系《ぎんがけい》と衝突《しょうとつ》するといわれている。大事件《だいじけん》だが、心配《しんぱい》は無用《むよう》。そのころには地球《ちきゅう》に生物《せいぶつ》はいない。

人類《じんるい》に小惑星《しょうわくせい》の衝突《しょうとつ》を防《ふせ》ぐ力《ちから》はない

恐竜《きょうりゅう》は小惑星《しょうわくせい》の衝突《しょうとつ》で滅《ほろ》んだ。

もしも、再《ふたた》び小惑星《しょうわくせい》が地球《ちきゅう》に激突《げきとつ》することが分《わ》かったとしたらどうすればいいだろう。科学《かがく》の力《ちから》で退《しりぞ》けることはできるだろうか。

結論《けつろん》から言《い》うと、無理《むり》。地球上《ちきゅうじょう》の核《かく》ミサイルをすべて撃《う》ち込《こ》んだとしても、小惑星《しょうわくせい》を破壊《はかい》することも、衝《しょう》突《とつ》コースを変《か》えることもできない。

できるのは、他《ほか》の動物《どうぶつ》たちと同《おな》じように、衝突《しょうとつ》するのを眺《なが》めて絶滅《ぜつめつ》を待《ま》つことだけだ。人類《じんるい》はまだまだ無《む》力《りょく》だ。

まめ知識

恐竜《きょうりゅう》が絶滅《ぜつめつ》した理由《りゆう》 小惑星《しょうわくせい》の衝突《しょうとつ》によるものと考《かんが》えられている。衝突《しょうとつ》エネルギーは原《げん》子爆弾《しばくだん》の10億倍《おくばい》ほどだったらしい。

人類《じんるい》が絶滅《ぜつめつ》せずにいる理由《りゆう》 運《うん》がいいだけ。

月《つき》は昔《むかし》より随分《ずいぶん》小《ちい》さくなった

誕生《たんじょう》したばかりの月《つき》は、今《いま》の２０倍《ばい》くらい大《おお》きく見《み》えていた。直径《ちょっけい》で14倍《ばい》だ。地球《ちきゅう》にとても近《ちか》かったからだ。きっと壮観《そうかん》で豪快《ごうかい》な十五夜《じゅうごや》を祝《いわ》えただろう。

見《み》てみたくもあるが、そうしないほうが幸《しあわ》せだ。月《つき》が近《ちか》いと、海《うみ》の満《み》ち引《ひ》きは１００m以上ある。街《まち》はすべて海《うみ》に飲《の》まれてしまうだろう。離《はな》れてくれたお陰《かげ》で、地球《ちきゅう》は随分《ずいぶん》と暮《く》らしやすくなったのだ。

月《つき》は今《いま》も毎年《まいとし》４㎝くらいずつ地球《ちきゅう》から離《はな》れているので、これからもどんどん小《ちい》さくなっていく。

まめ知識

月《つき》の誕生《たんじょう》 月《つき》の誕生《たんじょう》にはいくつかの説《せつ》がある。有力《ゆうりょく》なのがジャイアント・インパクト説《せつ》だ。生《う》まれたての地球《ちきゅう》が、地球《ちきゅう》よりやや小《ちい》さい星《ほし》とぶつかって、まき散《ち》らされた星屑《ほしくず》が月《つき》になったという説《せつ》だ。

地球《ちきゅう》は毎年《まいとし》5万《まん》トン やせている

地球《ちきゅう》にはたくさんの流《なが》れ星《ぼし》が降《ふ》り注《そそ》いでいるため、毎年《まいとし》5万《まん》トンほど体重《たいじゅう》が増《ふ》えている。一方《いっぽう》で軽《かる》いガスが地球《ちきゅう》から宇宙《うちゅう》に漏《も》れ出《だ》しているため、毎年《まいとし》10万《まん》トンほどやせている。合計《ごうけい》で5万《まん》トンほど毎年《まいとし》、地球《ちきゅう》はダイエットしていることになる。

毎年《まいとし》やせつづけていたら将来《しょうらい》地球《ちきゅう》がなくなってしまうのではないかと心配《しんぱい》になるが、地球《ちきゅう》の重《おも》さは６００００００００００００万《まん》トンだ。やせこけるより、地球《ちきゅう》の寿命《じゅみょう》が尽《つ》きるほうが先《さき》だから心配《しんぱい》することはない。

まめ知識

ヘリウムガス　風船《ふうせん》に使《つか》われている軽《かる》いガス。軽《かる》いために、宇宙《うちゅう》に逃《に》げてなくなってしまう。

地球《ちきゅう》に住《す》めるのはあと10億年《おくねん》

困《こま》ったことに、太陽《たいよう》の光《ひかり》はどんどん強《つよ》くなっている。太陽《たいよう》は生《う》まれてから30％明《あか》るくなったらしい。これからも、まだまだ明《あか》るくなることが分《わ》かっている。

すると、約《やく》10億年後《おくねんご》には地球上《ちきゅうじょう》のすべての水《みず》が蒸発《じょうはつ》して、海《うみ》も川《かわ》も干《ひ》上《あ》がって消《き》えてしまう。そうなったら地球《ちきゅう》は焼《や》けただれ、生物《せいぶつ》は生《い》きていけない。

だから、地球《ちきゅう》にいられる期間《きかん》はせいぜいあと10億年程度《おくねんていど》。地球《ちきゅう》と一緒《いっしょ》に死《し》ぬのがごめんなら、宇宙船《うちゅうせん》を作《つく》って地球《ちきゅう》を離《はな》れ、別《べつ》の惑星《わくせい》に移《うつ》り住《す》もう。

まめ知識

地球温暖化《ちきゅうおんだんか》 最近《さいきん》地球《ちきゅう》が暑《あつ》くなっていると騒《さわ》がれている。これは太陽《たいよう》によるものではなく、人類《じんるい》の活動《かつどう》のせいだろうと考《かんが》えられている。

地球《ちきゅう》は太陽《たいよう》に飲《の》み込《こ》まれて消《き》える

約《やく》50億年後《おくねんご》、寿命《じゅみょう》がつきそうな太《たい》陽《よう》は巨大《きょだい》に膨《ふく》れ上《あ》がる。徐々《じょじょ》に巨大化《きょだいか》し、水星《すいせい》、金星《きんせい》、さらには地球《ちきゅう》と火星《かせい》まで飲《の》み込《こ》んでしまうと考《かんが》えられている。地球《ちきゅう》の最後《さいご》は太陽《たいよう》に飲《の》まれて消《き》える運命《うんめい》なのだ。

そんなことになったら大変《たいへん》だと思《おも》うかもしれない。しかし地球《ちきゅう》はあと10億年《おくねん》で死《し》の星《ほし》となる。太陽《たいよう》に飲《の》み込《こ》まれるのは、生物《せいぶつ》が消《き》えたずっと後《あと》の話《はなし》だ。とはいえ、私《わたし》たちの育《そだ》った星《ほし》が消《き》えてしまうのはなんともさみしい。

まめ知識

赤色巨星《せきしょくきょせい》 太陽《たいよう》のような星《ほし》は寿命《じゅみょう》が尽《つ》きかけると、大《おお》きく膨《ふく》らんで大《おお》きな赤《あか》い星《ほし》になる。

1コマ間違《まちが》い探《さが》し

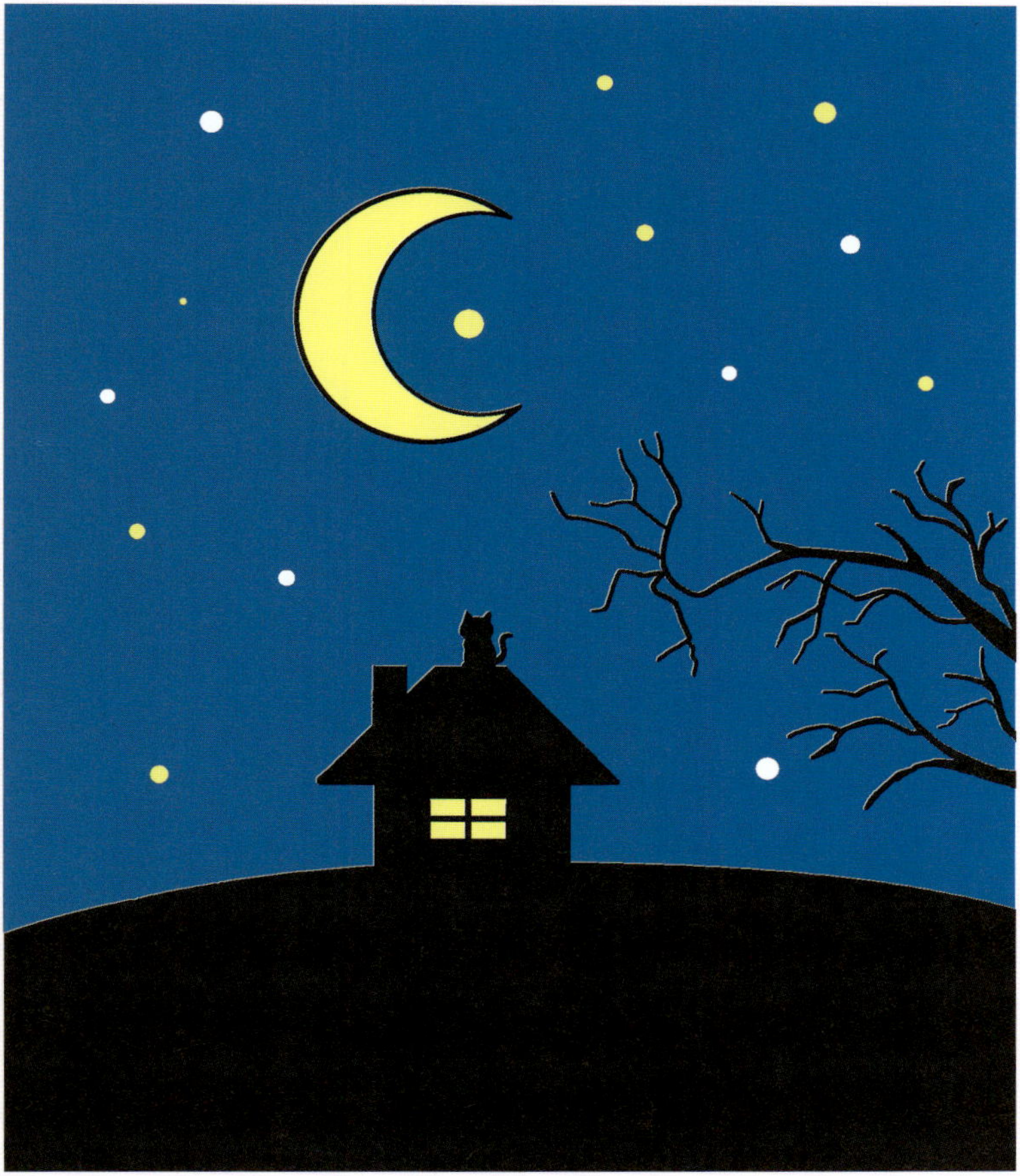

この絵《え》にはおかしなところが一《いっ》カ所《しょ》あるよ。どーこだ。

答《こた》えは143ページを見《み》てね。

第3章

太陽系《たいようけい》の話《はなし》

知《し》っているようで知《し》らない太陽《たいよう》とその仲間《なかま》たち。
真《しん》の姿《すがた》はへんてこりんかもしれない。

僕《ぼく》たちは太陽系《たいようけい》のことすら ほとんど知《し》らない

太陽系の惑星はたぶん8個…
いや、本当は分かんないけど…

人類《じんるい》はこれまでたくさん宇宙《うちゅう》を調《しら》べてきた。

けれども、まだ太陽系《たいようけい》のことすら、ほとんど何《なに》も知《し》らない。

例《たと》えば惑星《わくせい》の数《かず》は8個《こ》（水星《すいせい》・金《きん》星《せい》・地球《ちきゅう》・火星《かせい》・木星《もくせい》・土星《どせい》・天王《てんのう》星《せい》・海王星《かいおうせい》）だといわれているけれど、海王星《かいおうせい》より外側《そとがわ》はほとんど分《わ》かっていないので、他《ほか》にもあるかどうか分《わ》からない。

もしかすると太陽系《たいようけい》のどこかに地《ち》球外生命体《きゅうがいせいめいたい》がいるかもしれないけれど、それすら分《わ》からない。

まめ知識

冥王星《めいおうせい》　昔《むかし》は惑星《わくせい》だった。色々《いろいろ》微妙《びみょう》だったので準惑星《じゅんわくせい》ということになった。

宇宙探査機《うちゅうたんさき》　宇宙《うちゅう》を調《しら》べる機械《きかい》のこと。「はやぶさ」も宇宙探査機《うちゅうたんさき》だ。

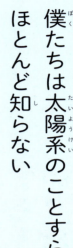

月《つき》には180トンのゴミがある

人類《じんるい》は月《つき》に行《い》った。そしてたくさんのゴミを残《のこ》してきた。月面着陸船《げつめんちゃくりくせん》や月面《げつめん》バギー、大量《たいりょう》のウンチ、おしっこ、ゲロ袋《ぶくろ》、ゴルフボールなどなど。全部《ぜんぶ》でおおよそ180トン。

人類《じんるい》の行《い》くところ、どこもゴミだらけで困《こま》ったものだと思《おも》うかもしれない。

しかし、このゴミ達《たち》は貴重《きちょう》な宝《たから》の山《やま》なのだ。これらのゴミは、人類史《じんるいし》に輝《かがや》く遺品《いひん》でもある。着陸現場《ちゃくりくげんば》は未来《みらい》の観光名所《かんこうめいしょ》になるだろう。ゲロ袋《ぶくろ》だって貴重《きちょう》な科学資料《かがくしりょう》になる。月面《げつめん》に無駄《むだ》なものはひとつもない。

まめ知識

なぜゴミを置《お》いてきたの？ 宇宙船《うちゅうせん》は少《すこ》しでも軽《かる》いほうがよい。なので、できるかぎり途中《とちゅう》で捨《す》てる。ロケット切《き》り離《はな》しも同《おな》じ理由《りゆう》だ。

太陽《たいよう》は燃《も》えていない

太陽のように燃えろ!!
太陽は燃えていないんだけど…

太陽《たいよう》の光《ひかり》は、眩《まぶ》しく暖《あたた》かいので、燃《も》えていると思《おも》ってしまうが、燃《も》えていない。燃《も》えるために必要《ひつよう》な物質《ぶっしつ》「酸素《さんそ》」が太陽《たいよう》にほとんどないため、燃《も》えたくても燃《も》えられないのだ。太《たい》陽《よう》が光《ひか》るのは、「核融合《かくゆうごう》」という現《げん》象《しょう》のためだ。

もしも太陽《たいよう》が燃《も》えていたらあっという間《ま》に燃《も》え尽《つ》きてしまう。木炭《もくたん》だったら2300年《ねん》、石油《せきゆ》だったら4600年《ねん》で消《き》えてしまう。

太陽《たいよう》は今日《こんにち》まで46億年光《おくねんひか》り輝《かがや》いている。これから先《さき》54億年《おくねん》くらいは光《ひか》りそうだ。核融合《かくゆうごう》ってすごい。

まめ知識

核融合《かくゆうごう》　世界《せかい》のすべては小《ちい》さな粒《つぶ》、原子《げんし》でできている。原子《げんし》と原子《げんし》が融合《ゆうごう》して、別《べつ》の原子《げんし》に変《か》わることを核融合《かくゆうごう》という。

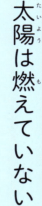

へんてこレベル

お酒《さけ》をまき散《ち》らす星《ほし》がある

プロ野球《やきゅう》チームが優勝《ゆうしょう》すると毎度《まいど》やるビールかけ。宇宙《うちゅう》にはビールかけ星《ぼし》ともいえる彗星《すいせい》がある。

この彗星《すいせい》は、地球《ちきゅう》の人《ひと》みんなで飲《の》み放題《ほうだい》できるくらいのお酒《さけ》をまき散《ち》らしていった。一番多《いちばんおお》い時《とき》で1秒間《びょうかん》にビール瓶《びん》1500本分《ぽんぶん》くらいのお酒《さけ》を出《だ》し続《つづ》けていたのだ。

ずいぶんと豪快《ごうかい》で気前《きまえ》のいい星《ほし》だ。よほどのお祝《いわ》いごとがあったに違《ちが》いない。この彗星《すいせい》は、酔《よ》っぱらいだったのだろう。

まめ知識

彗星《すいせい》 ほうき星《ぼし》のこと。流《なが》れ星《ぼし》とは違《ちが》い、長《なが》い尾《お》を引《ひ》いたまま空《そら》に留《とど》まって見《み》える。ビールかけ星《ぼし》は、ラヴジョイ彗星《すいせい》（C/2014 Q2）のこと。

たこやきという名前《なまえ》の星《ほし》がある（本当《ほんとう》）

小惑星《しょうわくせい》（6562）TAKOYAKIは火星《かせい》と木星《もくせい》の間《あいだ》にある。「たこやき」という名前《なまえ》になったのは、宇宙《うちゅう》に興味《きょうみ》を持《も》ってもらおうと子供《こども》たちから名前《なまえ》の募集《ぼしゅう》をし、一番《いちばん》人気《にんき》だったから。

「たこやき」以外《いがい》にも、おもしろい名前《なまえ》が付《つ》けられた小惑星《しょうわくせい》はたくさんある。例《たと》えばシジミ、座敷童《ざしきわらし》、芸者《げいしゃ》、アニメキャラクターや特撮《とくさつ》ヒーローまで様々《さまざま》だ。

小惑星《しょうわくせい》は見《み》つけた人《ひと》が自由《じゆう》に名前《なまえ》を付《つ》けることができる。宇宙《うちゅう》には、まだまだ未知《みち》の小惑星《しょうわくせい》がたくさんある。あなたも見《み》つけて、名前《なまえ》を付《つ》けてみよう。

まめ知識

無名《むめい》の小惑星《しょうわくせい》　まだ、大半《たいはん》の小惑星《しょうわくせい》は見《み》つかっていない。名前《なまえ》を付《つ》けられる小惑星《しょうわくせい》は山《やま》ほどあるぞ。

宇《う》宙《ちゅう》にはティーポットがある

「宇宙《うちゅう》のティーポット」というものがある。どこにあるのか、あるのかどうかすらも分《わ》からない。これは哲《てつ》学者《がくしゃ》ラッセルの有名《ゆうめい》なお話《はなし》だ。

ある人《ひと》が「宇宙《うちゅう》にティーポットがある！」と言《い》い張《は》ったとしよう。そんなものはないのは誰《だれ》でも知《し》っている。だからあなたは、「あるはずない」と言《い》うだろう。するとその人《ひと》は、「じゃあ〝ない〟証拠《しょうこ》を出《だ》してよ」と言《い》う。あなたは証拠《しょうこ》を出《だ》すことはできるだろうか。

「神《かみ》も同《おな》じだ」とラッセルは言《い》ったのだ。言《い》い張《は》る人《ひと》が証拠《しょうこ》を出《だ》さなくてはいけないという例《たと》え話《ばなし》だ。

世界《せかい》では存在証明《そんざいしょうめい》ができないものがたくさんある。私《わたし》たちの常識《じょうしき》や道《どう》徳《とく》の中《なか》にもだ。であるから、バカバカしくも宇宙《うちゅう》のティーポットもあるのだ。ちなみに、宇宙《うちゅう》にはゴールデンレコードもある（本当《ほんとう》）。

まめ知識

ゴールデンレコード　探査機《たんさき》ボイジャーに積《つ》まれた金色《きんいろ》のレコード盤《ばん》。途方《とほう》もない時間《じかん》の旅《たび》をしながら、地球《ちきゅう》が滅《ほろ》んだ後《あと》も私《わたし》たちの生《い》きた証《あかし》を運《はこ》び続《つづ》ける。

僕《ぼく》たちが見《み》ている太陽《たいよう》は昔《むかし》の太陽《たいよう》

今《いま》見《み》えている太陽《たいよう》は約《やく》8分前《ふんまえ》の太陽《たいよう》だ。なぜこんな不思議《ふしぎ》なことが起《お》こるかというと、太陽《たいよう》の光《ひかり》が進《すす》む速度《そくど》に限界《げんかい》があるから。花火大会《はなびたいかい》で音《おと》が遅《おく》れてやってくるのと同《おな》じだ。遠《とお》くだと光《ひかり》すら遅《おく》れてやってくる。

夜空《よぞら》の星《ほし》は太陽《たいよう》より遠《とお》くにあるので、光《ひかり》がやってくるまでもっと時間《じかん》がかかる。数億年《すうおくねん》、数十億年《すうじゅうおくねん》かかることもある。今《いま》見《み》ているのは昔《むかし》の光《ひかり》だから、今《いま》どうなっているかは分《わ》からない。

もしかすると、とっくの昔《むかし》に爆発《ばくはつ》して消《き》え去《さ》っていて、もう輝《かがや》いていないかもしれない。

まめ知識

光速《こうそく》 光《ひかり》が伝《つた》わる速《はや》さのこと。とても速《はや》く1秒間《びょうかん》に地球《ちきゅう》を7周半《しゅうはん》もする。

太陽系《たいようけい》にはリングのある星《ほし》が5つもある

土星《どせい》はリングを持《も》つ美《うつく》しい星《ほし》だ。宇宙《うちゅう》好《ず》きなあなたは他《ほか》にもリングを持《も》つ星《ほし》を知《し》っているだろう。木星《もくせい》、天王星《てんのうせい》、海王星《かいおうせい》。これらの星《ほし》にはリングがある。太陽系《たいようけい》には5つもの星《ほし》にリングがあるんだ。

あれ、1つ足《た》りない？　実《じつ》は5つ目《め》は惑星《わくせい》ではない。カリクローという小惑星《しょうわくせい》で、綺麗《きれい》なリングがある。

ちなみに、火星《かせい》の月《つき》は火星《かせい》に落下《らっか》中《ちゅう》だ。いずれバラバラに砕《くだ》かれてリングになるといわれている。どんなリングになるか楽《たの》しみだ。

まめ知識

環《わ》　星《ほし》のリングのことを環《わ》という。円盤《えんばん》ではなく、小《ちい》さな氷《こおり》や岩《いわ》が集《あつ》まってできている。

太陽《たいよう》にゴミを捨《す》てることはできない

　太陽《たいよう》をゴミ箱《ばこ》にできればどんなにいいことだろう。捨《す》てるのに困《こま》るゴミ（例《たと》えば放射《ほうしゃ》性《せい》物質《ぶっしつ》や毒《どく》や武器《ぶき》など）を燃《も》やし尽《つ》くしてしまうのだから、太陽《たいよう》へのゴミ捨《す》ては超名案《ちょうめいあん》のように思《おも》える。

　しかし、現実《げんじつ》には太陽《たいよう》にゴミを捨《す》てることはできない。太陽《たいよう》に行《い》くには莫大《ばくだい》なエネルギーがいるため、人《じん》類史上最大《るいしじょうさいだい》のロケットを使《つか》っても、ほんのわずかなゴミも捨《す》てられない。

　そもそもロケットは事故《じこ》るものだ。ヤバいゴミを乗《の》っけて事故《じこ》を起《お》こしたら、それこそ大惨事《だいさんじ》だ。

まめ知識

太陽《たいよう》へのゴミ捨《す》て　NASA《ナサ》でも真剣《しんけん》に検討《けんとう》されたことがあり、不可能《ふかのう》という結論《けつろん》が出《で》ている。

小惑星帯《しょうわくせいたい》はスカスカの空《から》っぽ

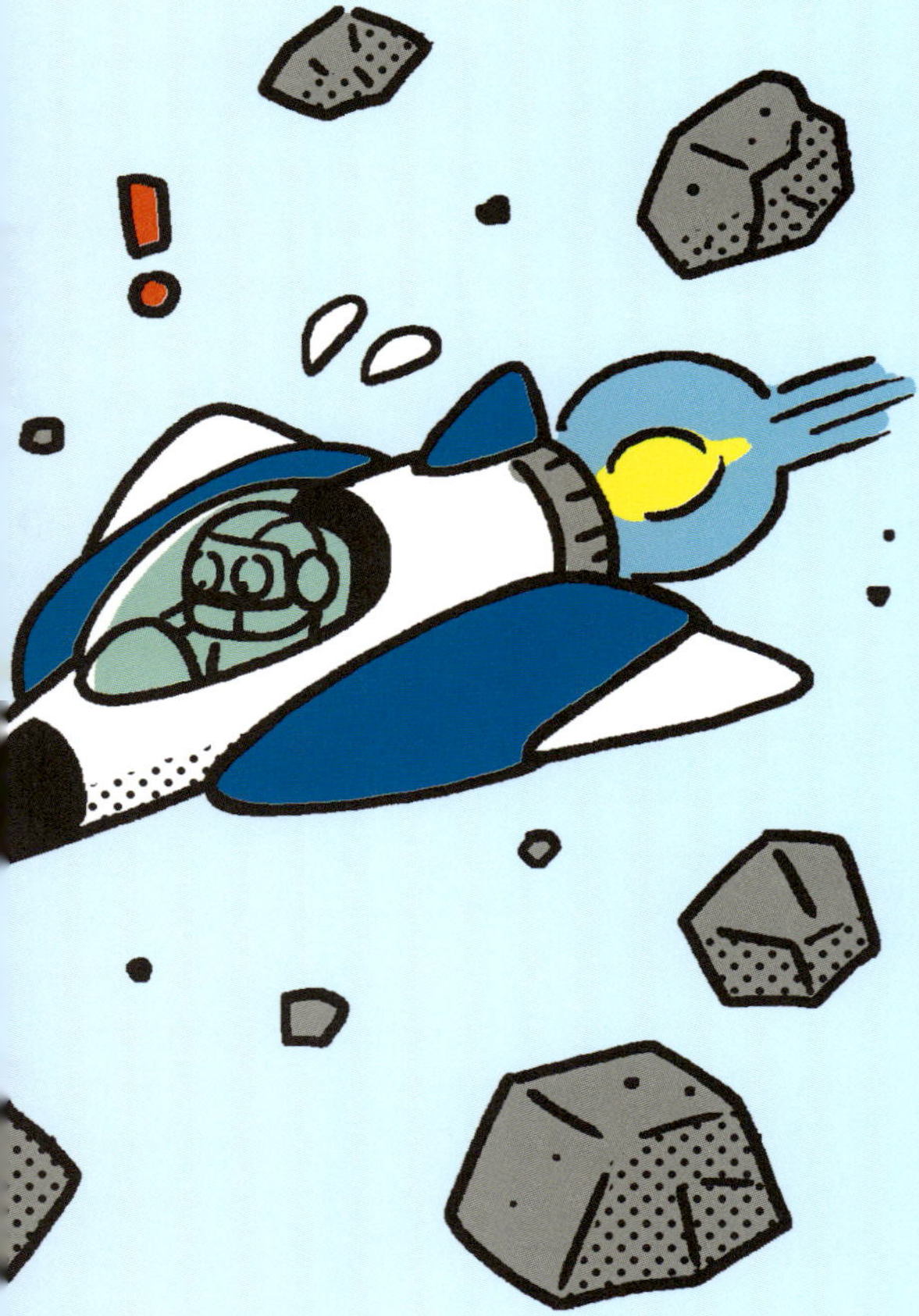

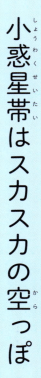

小惑星帯《しょうわくせいたい》。惑星《わくせい》になれなかった星《ほし》のかけらがたくさん漂《ただよ》っている場所《ばしょ》のことだ。SF映画《えいが》やアニメでは、ピンチの時《とき》に小惑星帯《しょうわくせいたい》に逃《に》げ込《こ》むシーンも多《おお》い。

しかし、本当《ほんとう》はスカスカの空《から》っぽで、逃《に》げかくれする場所《ばしょ》なんてない。その証拠《しょうこ》に、これまで地球《ちきゅう》から飛《と》ばした探査機《たんさき》は小惑星帯《しょうわくせいたい》を通過《つうか》しているが、いつも問題《もんだい》なくすり抜《ぬ》けてきた。

小惑星帯《しょうわくせいたい》はあまりにスカスカなので、小惑星同士《しょうわくせいどうし》がぶつかることすらほとんどない。SFに出《で》てくるような宇宙戦艦《うちゅうせんかん》の大艦隊《だいかんたい》が通《とお》ったとしても衝突《しょうとつ》は起《お》こらない。

まめ知識

小惑星帯《しょうわくせいたい》 別名《べつめい》アステロイドベルト。火星《かせい》と木星《もくせい》の間《あいだ》にあり、数百万《すうひゃくまん》の小惑星《しょうわくせい》からなる。

小惑星《しょうわくせい》はぜんぜん小《ちい》さくない

小惑星《しょうわくせい》は名前《なまえ》に「小《しょう》」と付《つ》いているから、つい小《ちい》さいものだと思《おも》ってしまう。

けれど、実《じつ》は超《ちょう》でかい。直径数十《ちょっけいすうじっ》kmから、大《おお》きいものだと直径《ちょっけい》1000kmもある。ちなみに、恐竜《きょうりゅう》を滅《ほろ》ぼした小惑星《しょうわくせい》は直径《ちょっけい》10km程度《ていど》。それより大《おお》きいものがたくさんあるのだ。

もしも地球《ちきゅう》にぶつかったら、生物《せいぶつ》はすべて滅《ほろ》んで単細胞《たんさいぼう》からやり直《なお》しだ。人類《じんるい》は地球《ちきゅう》にぶつかる小惑星《しょうわくせい》を一生懸命監視《いっしょうけんめいかんし》しているが、すべてが分《わ》かっているわけではない。突然終《とつぜんお》わりの日《ひ》がくるかもしれない。どうか、そうならないことを願《ねが》おう。

まめ知識

小惑星《しょうわくせい》 岩《いわ》でできた小《ちい》さな星《ほし》のこと。小惑星帯《しょうわくせいたい》や冥王星《めいおうせい》の彼方《かなた》にたくさんある。

太陽《たいよう》と惑星《わくせい》の大《おお》きさ比《くら》べ

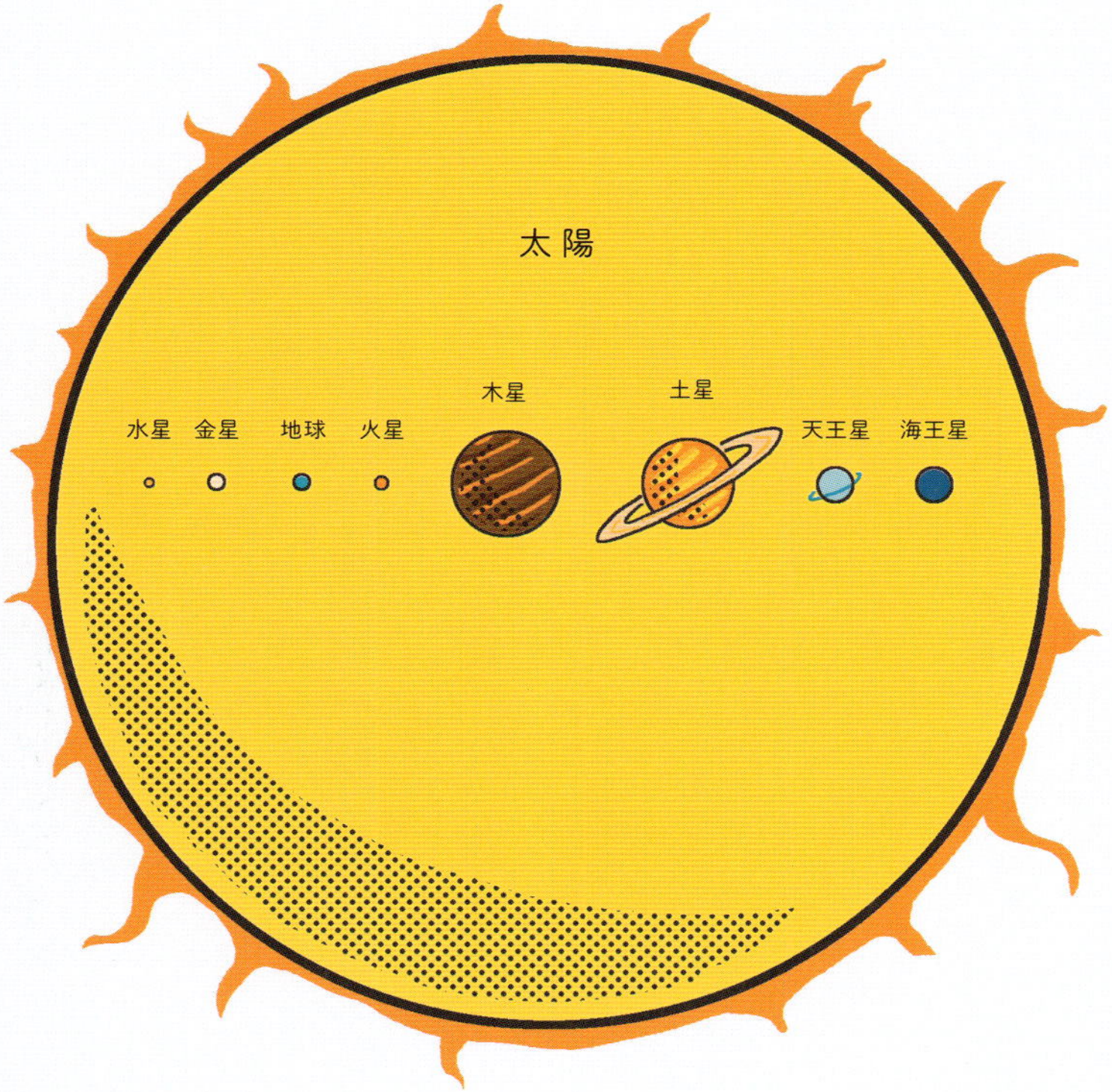

太陽《たいよう》は超《ちょう》デカい。地球《ちきゅう》に比《くら》べれば、木星《もくせい》も土星《どせい》も大《おお》きいね。

ギャー
ビーム

第4章

遠《とお》くの宇宙《うちゅう》の話《はなし》

遠《とお》くの宇宙《うちゅう》のことも最近分《さいきんわ》かってきた。
実《じつ》はとってもへんてこりんな世界《せかい》だった!?

織姫《おりひめ》と彦星《ひこぼし》は七夕《たなばた》に会《あ》えない

毎年七夕《まいとしたなばた》にだけ会《あ》うことを許《ゆる》された織姫《おりひめ》と彦星《ひこぼし》。でも二人《ふたり》が会《あ》うことは絶対《ぜったい》にできない。

織姫星《おりひめぼし》のベガと、彦星《ひこぼし》のアルタイルの間《あいだ》には、光《ひかり》の速《はや》さでも15年《ねん》かかる距離《きょり》がある。宇宙《うちゅう》では光《ひかり》より速《はや》く移動《いどう》することはできないため、一晩《ひとばん》なんて短《みじか》い時間《じかん》では絶対《ぜったい》に会《あ》いに行《い》けないのだ。かわいそうに。

ちなみに、彦星《ひこぼし》は目《め》では1つの星《ほし》に見《み》えるが、実《じつ》は4つの太陽《たいよう》が集《あつ》まっている。彦星《ひこぼし》は4つ子《ご》だった!?　このお話《はなし》、結構設定《けっこうせってい》が甘《あま》いぞ。

まめ知識

連星《れんせい》　2つ以上《いじょう》の太陽《たいよう》が一緒《いっしょ》に回《まわ》っている星《ほし》を連星《れんせい》という。宇宙《うちゅう》では珍《めずら》しくない。

ダイヤモンド惑星《わくせい》がある

美《うつく》しくて珍《めずら》しく、値段《ねだん》もとても高《たか》い宝石《ほうせき》ダイヤモンド。地球《ちきゅう》では貴重《きちょう》だけれど、ある惑星《わくせい》ではそうでもない。

宇宙《うちゅう》にはダイヤモンドでできた惑《わく》星《せい》があり、そのダイヤモンドの量《りょう》は10000000000000000000000000000カラット。地球《ちきゅう》3個分《こぶん》ほどの重《おも》さだ。

貴重《きちょう》なダイヤモンドがこんなに大《たい》量《りょう》にあるなんてハッピーと思《おも》うかもしれないが、遠《とお》くにあるから持《も》って帰《かえ》ってくることはできない。見《み》て楽《たの》しむだけにしよう。

まめ知識

蟹座《かにざ》55番星《ばんせい》e　ダイヤモンド惑星《わくせい》。地球《ちきゅう》から40光年離《こうねんはな》れている。

系外惑星探査《けいがいわくせいたんさ》　太陽系以外《たいようけいいがい》の惑星《わくせい》を探《さが》す試《こころ》み。

遠《とお》くの星《ほし》が死《し》んだとき、僕《ぼく》らもついでに死《し》ぬかもしれない

地球《ちきゅう》からはるか遠《とお》くにある巨星《きょせい》が死《し》にかけている。遠《とお》くの星《ほし》の死《し》なんてどうでもいい？ そんなことはない。人類《じんるい》が絶滅《ぜつめつ》してしまうかもしれないからだ。

巨大《きょだい》な星《ほし》が死《し》ぬとき、大爆発《だいばくはつ》が起《お》こり、強烈《きょうれつ》なレーザーが発射《はっしゃ》される。なんとそのレーザーは地球《ちきゅう》にまで届《とど》くのだ。運悪《うんわる》く直撃《ちょくげき》したら生物《せいぶつ》はみな焼《や》け死《し》んでしまう。

対策《たいさく》は不可能《ふかのう》。レーザーが直撃《ちょくげき》する瞬間《しゅんかん》、つまり死《し》の瞬間《しゅんかん》にしか巨星《きょせい》の爆発《ばくはつ》を知《し》ることはできないからだ。恐《おそ》ろしいことだ。でも、たぶん大丈夫《だいじょうぶ》。たぶんね。

まめ知識

超新星爆発《ちょうしんせいばくはつ》 太陽《たいよう》よりはるかに大《おお》きく重《おも》い星《ほし》が死《し》ぬときに起《お》こる大爆発《だいばくはつ》のこと。

ガンマ線《せん》バースト 超新星爆発《ちょうしんせいばくはつ》の時《とき》に出《で》るレーザーのこと。昔《むかし》地球《ちきゅう》に大絶滅《だいぜつめつ》を引《ひ》き起《お》こしたらしい。

ブラックホールに落《お》ちたら二人《ふたり》に分裂《ぶんれつ》する

もしあなたがブラックホールに落《お》ちたなら、なんと、あなたは二人《ふたり》に分裂《ぶんれつ》する。

一人《ひとり》は即燃《そくも》えて消《き》えてしまう。もう一人《ひとり》のあなたは何事《なにごと》もなくブラックホールに落《お》ちていき、宇宙《うちゅう》の終《お》わりを見届《みとど》けることになる。世界《せかい》が早《はや》送《おく》りで見《み》えて、きっと楽《たの》しいだろう。

何《なに》を言《い》っているのか分《わ》からないかもしれないが、大丈夫《だいじょうぶ》。科学者《かがくしゃ》たちもよく分《わ》かっていない。ブラックホールの内側《うちがわ》がどうなっているか分《わ》かっていないし、物理法則《ぶつりほうそく》も外《そと》とは違《ちが》うからだ。

まめ知識

事象《じしょう》の地平面《ちへいめん》　ブラックホールの本体《ほんたい》は見《み》ることができない。実際《じっさい》に見《み》られるのは、事象《じしょう》の地平面《ちへいめん》までだ。ここから先《さき》は光《ひかり》すら脱出《だっしゅつ》できないので、宇宙《うちゅう》に空《あ》いた黒《くろ》い穴《あな》に見《み》える。

ブラックホールは何《なん》でも吸《す》い込《こ》むわけではない

光《ひかり》すら飲《の》み込《こ》むブラックホール。

何《なん》でも飲《の》み込《こ》むと思《おも》いきや、実《じつ》はそうではない。

ブラックホールはちょっと離《はな》れていれば、ただの重《おも》い星《ほし》だ。ブラックホールの周《まわ》りをラクラク安全《あんぜん》に回《まわ》ることができる。

仮《かり》に太陽《たいよう》が突然《とつぜん》ブラックホールになったとしても、地球《ちきゅう》も月《つき》も吸《す》い込《こ》まれることはない。

なぜなら、太陽《たいよう》と同《おな》じ重《おも》さのブラックホールは太陽《たいよう》と同《おな》じ重力《じゅうりょく》しか持《も》っていないからだ。地球《ちきゅう》も月《つき》もいつまでも回《まわ》り続《つづ》ける。

違《ちが》いがあるとすれば、太陽《たいよう》からの熱《ねつ》がなくなり凍《こお》り付《つ》くことだけだ。

意外《いがい》にもブラックホールに飲《の》み込《こ》まれるのは難《むずか》しい。

まめ知識

ブラックホールに落《お》ちるには もし太陽《たいよう》がブラックホールになったとして、そこに落《お》ちるためには、ロケットで時速《じそく》10万《まん》8000㎞まで加速《かそく》しないといけない。これは太陽系《たいようけい》を脱出《だっしゅつ》するよりも大変《たいへん》。

星座《せいざ》を宇宙《うちゅう》から見《み》ると形《かたち》が変《か》わる

昔《むかし》の人《ひと》たちは、夜空《よぞら》を眺《なが》めてカニとかクジラとか、ハクチョウとか色々《いろいろ》な星座《せいざ》を作《つく》った。空《そら》に神様《かみさま》がいると思《おも》ったのだろう。

しかし、これらの星座《せいざ》は地球《ちきゅう》の夜《よ》空《ぞら》でしか見《み》ることができない。太陽《たいよう》系《けい》から遠《とお》く離《はな》れた宇宙《うちゅう》から見《み》ると、全然違《ぜんぜんちが》う形《かたち》になってしまう。

星々《ほしぼし》は宇宙《うちゅう》に3Dで漂《ただよ》っているから、見《み》る場所《ばしょ》が変《か》われば形《かたち》も変《か》わるんだ。遠《とお》い宇宙《うちゅう》では、太陽《たいよう》も夜空《よぞら》をかざる小《ちい》さな1つの星《ほし》になるぞ。

まめ知識

恒星《こうせい》　夜空《よぞら》に輝《かがや》く星《ほし》のほとんどは恒星《こうせい》だ。恒星《こうせい》とは太陽《たいよう》のように自分自身《じぶんじしん》で光《ひかり》を放《はな》ち、輝《かがや》く星《ほし》。星座《せいざ》に使《つか》われている星《ほし》は、どれも地球《ちきゅう》の近《ちか》くにある明《あか》るい恒星《こうせい》ばかりだ。

明《あか》るい星《ほし》は、単《たん》に近《ちか》くにあるだけ

夜空《よぞら》に一際《ひときわ》明《あか》るく輝《かがや》く星《ほし》を1等星《とうせい》、2等星《とうせい》と呼《よ》ぶ。目立《めだ》つので昔《むかし》から人々《ひとびと》からとても大切《たいせつ》にされ、星座《せいざ》にもなり愛《あい》されてきた。

しかし、これらの星《ほし》は、それほど明《あか》るいわけでもなく、大《おお》きい星《ほし》でもない。ただ地球《ちきゅう》に近《ちか》いだけだ。光《ひかり》は近《ちか》くにあればあるほど明《あか》るく見《み》える。その証拠《しょうこ》に、夜空《よぞら》の星《ほし》よりも、あなたのすぐそばにある電球《でんきゅう》のほうがよほど明《あか》るい。

夜空《よぞら》には暗《くら》く小《ちい》さくても、太陽《たいよう》よりはるかに大《おお》きくて明《あか》るい星《ほし》がたくさんあるのだ。

まめ知識

光《ひかり》の強《つよ》さ　光《ひかり》の強《つよ》さは2倍離《ばいはな》れれば4分《ぶん》の1になる。3倍離《ばいはな》れれば9分《ぶん》の1、4倍離《ばいはな》れれば16分《ぶん》の1になる。じゃあ、10倍離《ばいはな》れれば？

宇宙《うちゅう》の96％は何《なに》か分《わ》からない

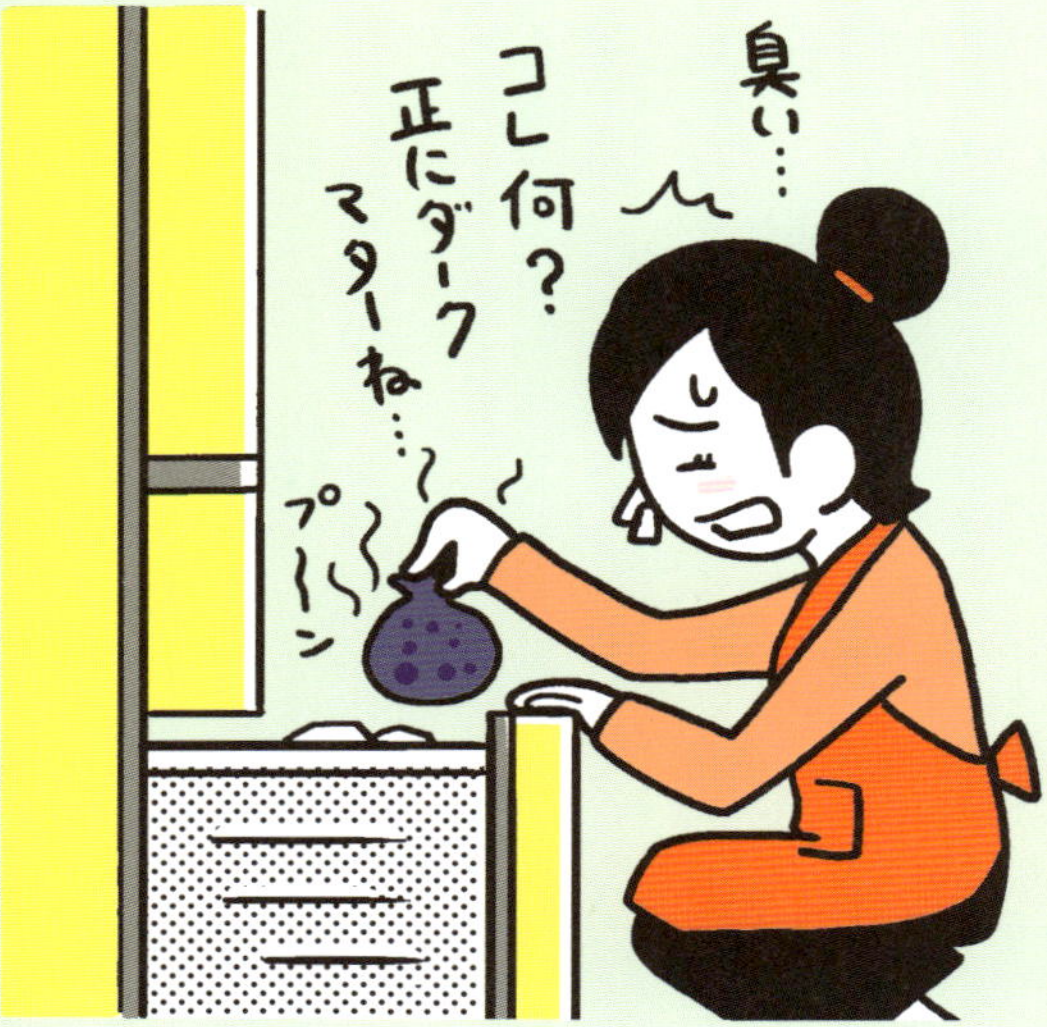

人類《じんるい》はたくさん研究《けんきゅう》をして、宇宙《うちゅう》にある星《ほし》やブラックホール、銀河《ぎんが》を作《つく》っている物質《ぶっしつ》は、宇宙《うちゅう》の４％でしかないことを突《つ》き止《と》めた!! そして、残《のこ》りの96％が何《なに》であるか分《わ》からないことも分《わ》かった!!

分《わ》からない96％のうち22％をとりあえずダークマターと名付《なづ》けた。名《な》前《まえ》の通《とお》り、暗黒《あんこく》に包《つつ》まれた謎《なぞ》のもの。見《み》えないし捉《とら》えられないけれど、確《たし》かにあるようだ。残《のこ》りの74％は、とりあえずダークエネルギーと名付《なづ》けた。検出《けんしゅつ》できないし、測定《そくてい》もできないけれど確《たし》かにあるようだ。宇宙《うちゅう》のことはまだまだ全然《ぜんぜん》分《わ》からない。

まめ知識

ダークマター　ダークエネルギー　科学者《かがくしゃ》もなんだか分《わ》からない。たぶん、そのうち解明《かいめい》されるさ。

宇宙《うちゅう》に真空《しんくう》なんてない

真空《しんくう》。文字通《もじどお》り、真《しん》に空《から》っぽという意味《いみ》。宇宙《うちゅう》は真空《しんくう》だと思《おも》われているけれど、わずかだけれどガスがただよっている。

本当《ほんとう》に何《なに》もない空間《くうかん》であっても、小《ちい》さな物質《ぶっしつ》の粒《つぶ》が無《む》から突然《とつぜん》生《う》まれる。だから完全《かんぜん》に何《なに》もない真空《しんくう》はこの宇宙《うちゅう》のどこにもない。

真《しん》の真空《しんくう》はないので、「真空《しんくう》」という言葉《ことば》は、ガスや空気《くうき》が普通《ふつう》より少《すく》ない場合《ばあい》に使《つか》うことになっている。言葉《ことば》通《どお》りであることは重要《じゅうよう》ではなく、空気《くうき》が少《すく》ない状態《じょうたい》で実験《じっけん》をしたり、製品《せいひん》を作《つく》ったりできればよいのだ。

まめ知識

場《ば》（フィールド） 何《なに》もない空間《くうかん》には、何《なに》もないという場所《ばしょ》がある。これは穏《おだ》やかな海《うみ》のようなもので、場《ば》という。ここに例《たと》えば電磁波《でんじは》の波《なみ》が起《お》これば、光子《こうし》という粒子《りゅうし》が生《う》まれる。

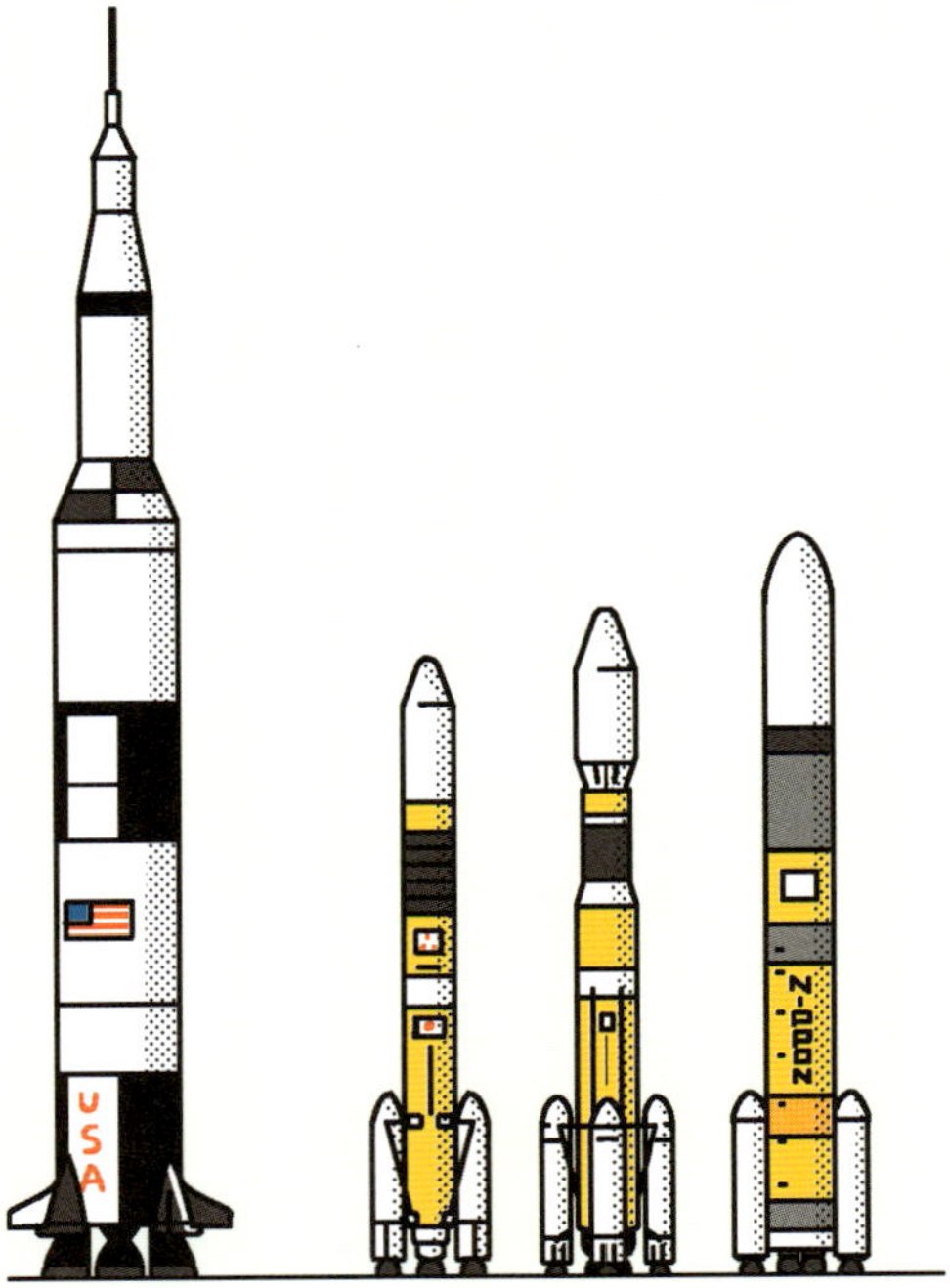

サターンV
アメリカ

H2A
日本

H2B
日本

H3（計画中）
日本

史《し》上《じょう》最大《さいだい》のロケット。
アポロ計画《けいかく》で使用《しよう》。

日本《にほん》の主力《しゅりょく》ロケット。
人工衛星《じんこうえいせい》や宇宙《うちゅう》ステーションへの補給船《ほきゅうせん》を飛《と》ばしている。

この本《ほん》に出《で》てくるロケットたち

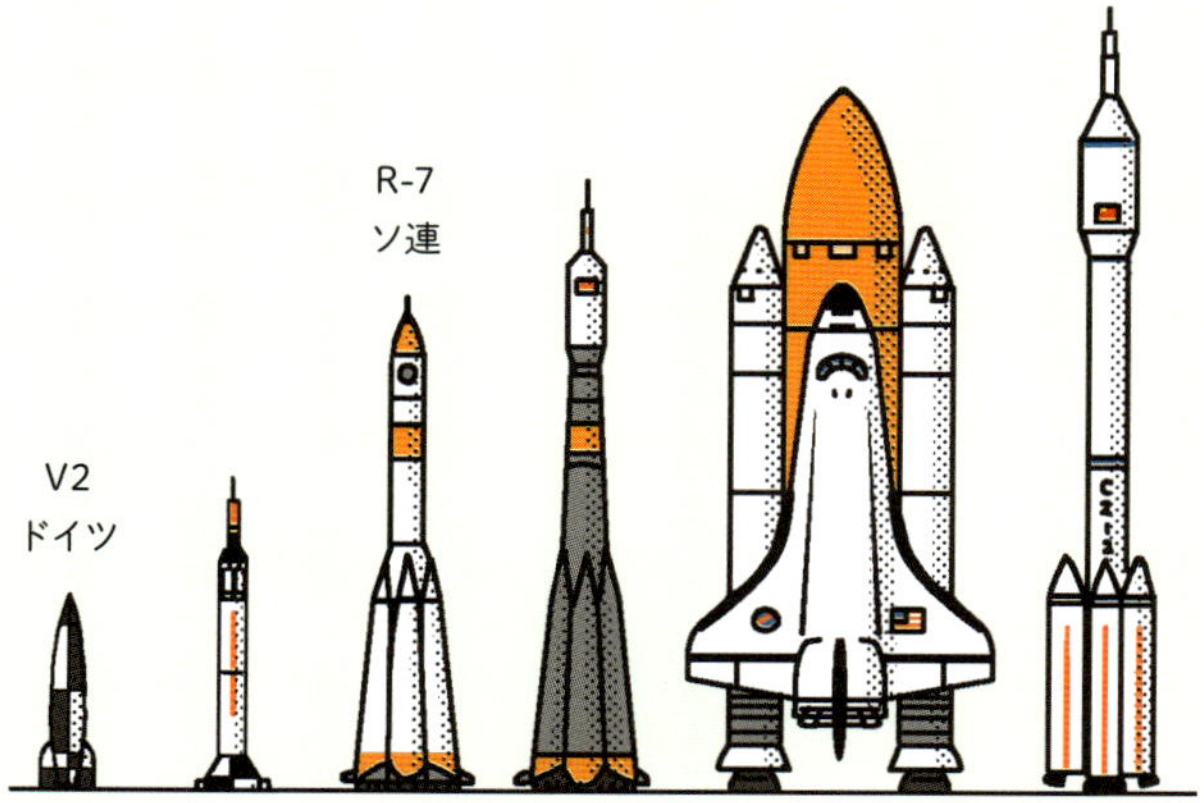

歴史上初《れきしじょうはつ》の
宇宙《うちゅう》ロケット。

初期《しょき》の
宇宙《うちゅう》ロケット。
弾道《だんどう》ミサイルの改造《かいぞう》。

人《ひと》を宇宙《うちゅう》に連《つ》れて行《い》く宇宙船《うちゅうせん》。
スペースシャトル（オービタ）は引退《いんたい》。
今《いま》はソユーズと長征《ちょうせい》のみ。

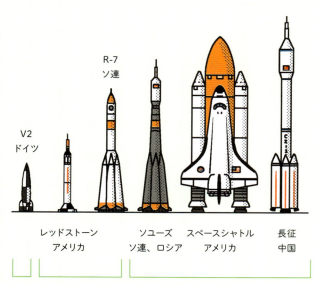

異議あり!!
ビーム!!

第5章

宇《う》宙《ちゅう》人《じん》、SFの話《はなし》

実《じつ》はとってもへんてこりんな、SFや宇宙人《うちゅうじん》のお話《はなし》。

地球《ちきゅう》のような星《ほし》はめずらしくない

生命《せいめい》にあふれる星《ほし》、地球《ちきゅう》。地球《ちきゅう》は宇宙《うちゅう》の中《なか》でとっても特別《とくべつ》な生物《せいぶつ》の楽《らく》園《えん》だと思《おも》われてきた。

けれども最近《さいきん》の研究《けんきゅう》で、宇宙《うちゅう》には銀河《ぎんが》が少《すく》なくとも100000000000個《こ》あり、それぞれの銀河《ぎんが》に1000000000000個《こ》の星《ほし》があることが分《わ》かってきた。すると、生命《せいめい》が住《す》めそうな惑星《わくせい》も珍《めずら》しいものではないらしい。

銀河系《ぎんがけい》だけで約《やく》30000000の星《ほし》に生命《せいめい》がいるかもしれない。実《じつ》は宇宙《うちゅう》は生《い》き物《もの》だらけなのかもしれない⁉

まめ知識

銀河系《ぎんがけい》 地球《ちきゅう》が所属《しょぞく》する銀河《ぎんが》のこと。天《あま》の川《がわ》の正体《しょうたい》でもある。宇宙《うちゅう》に無数《むすう》にある銀河《ぎんが》のうちの1つ。

宇宙人《うちゅうじん》はたくさんいる

「宇宙人《うちゅうじん》は存在《そんざい》する！」なんていったら、オカルトマニアの変人《へんじん》だといわれてしまう。

けれど科学的予測《かがくてきよそく》によると、銀河《ぎんが》系《けい》には人類以上《じんるいいじょう》の文明《ぶんめい》が1万《まん》3000個《こ》くらいあるらしい。たくさんの宇宙人《うちゅうじん》がいるようだ。

もしかすると、私《わたし》たちと同《おな》じように夜空《よぞら》を眺《なが》めて、「あの星《ほし》に宇宙人《うちゅうじん》がいるかもしれないぞ」「やだ。もーこわい♡」なんて会話《かいわ》をしているかもしれない。こんなにいても、いまだに宇宙人《うちゅうじん》と接触《せっしょく》したという正式《せいしき》な資料《しりょう》はない。なぜだろう。

まめ知識

ドレイク方程式《ほうていしき》　宇宙《うちゅう》に生命体《せいめいたい》がどのくらいいるかを予測《よそく》する計算式《けいさんしき》。

SETI《セティ》計画《けいかく》　宇宙人《うちゅうじん》を探《さが》そうとするまじめな計画《けいかく》。

タコ型《がた》宇宙人《うちゅうじん》は勘違《かんちが》いから生《う》まれた

タコ型《がた》宇宙人《うちゅうじん》。なぜタコなのだろう？ その理由《りゆう》はこうだ。昔《むかし》の人《ひと》が望遠鏡《ぼうえんきょう》で火星《かせい》を見《み》て文明《ぶんめい》があると思《おも》った。勘違《かんちが》いなんだけどね。そして、火星《かせい》ならタコみたいな生《い》き物《もの》に違《ちが》いないと思《おも》った。勘違《かんちが》いなんだけどね。そして、タコの絵《え》を描《か》いたら、大《おお》はやりしたという訳《わけ》だ。

ヨーロッパではタコは気持《きも》ち悪《わる》い生《い》き物《もの》だと思われている。なので、タコ型《がた》宇宙人《うちゅうじん》は誰《だれ》もが恐《おそ》れる怪物《かいぶつ》だったのだ。

日本人《にほんじん》にとっては、タコは可愛《かわい》くて、仮《かり》に地球《ちきゅう》に攻《せ》めてきても「タコ焼《や》きにでもすれば？」という感《かん》じで怖《こわ》くないから、怖《こわ》がるヨーロッパの人《ひと》たちの気持《きも》ちはちょっと分《わ》からない。

まめ知識

パーシヴァル・ローウェル 火星《かせい》に文明《ぶんめい》があると勘違《かんちが》いした人《ひと》。日本通《にほんつう》だった。

タコ 地球《ちきゅう》に暮《く》らすタコは、宇宙《うちゅう》からやってきた（宇宙人《うちゅうじん》!?）というトンデモ学説《がくせつ》もある。

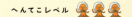

タコは宇宙《うちゅう》でくっつかない

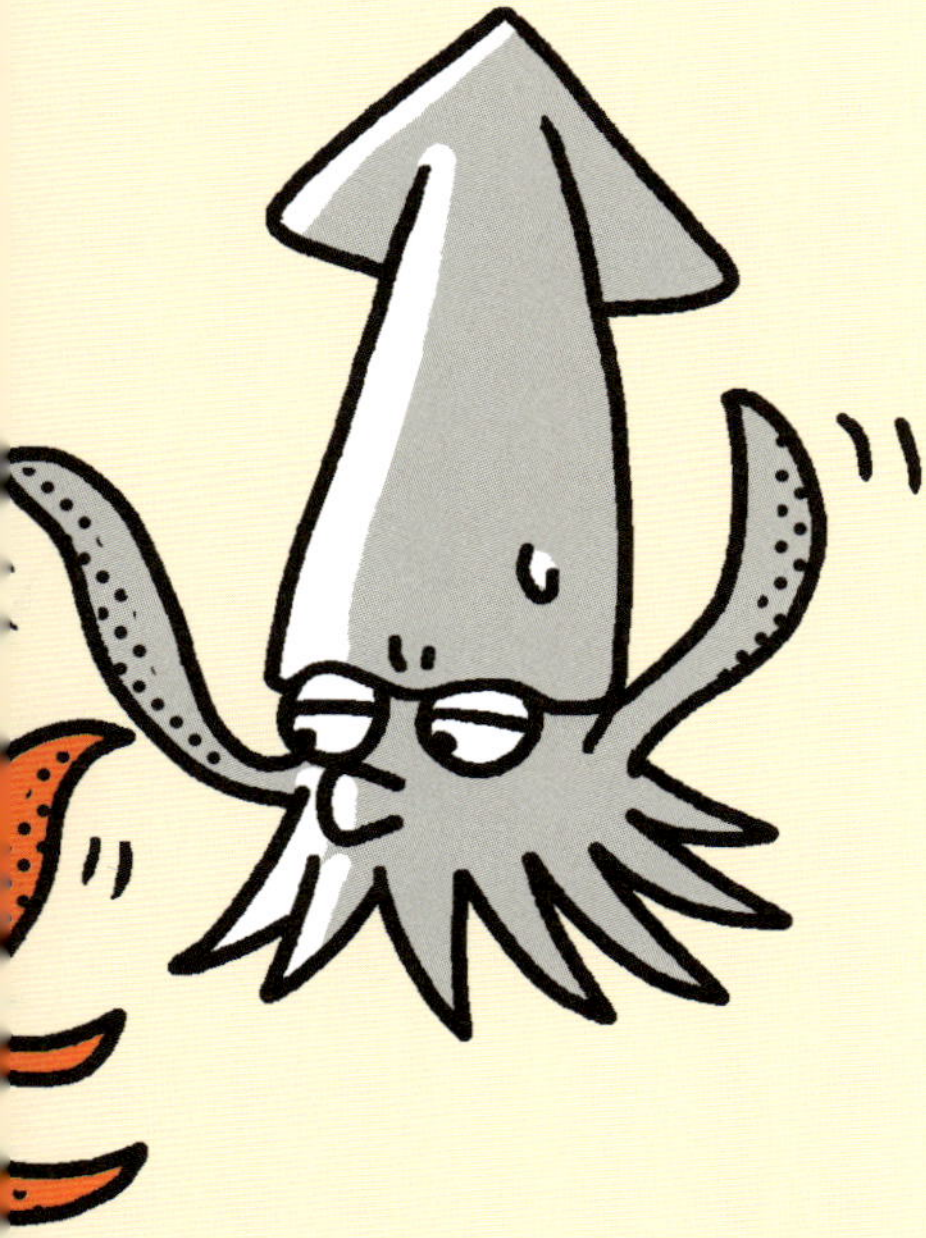

タコは宇宙《うちゅう》が苦手《にがて》だ。なぜなら、宇宙《うちゅう》ではタコの吸盤《きゅうばん》がくっつかないからだ。

タコの吸盤《きゅうばん》は圧力差《あつりょくさ》で吸《す》い付《つ》く。宇宙《うちゅう》には空気《くうき》がほぼないので、圧力《あつりょく》差《さ》ができない。だからくっ付《つ》くことができない。タコ型《がた》宇宙人《うちゅうじん》が来《き》ても手足《てあし》が使《つか》えず無力《むりょく》であるから、恐《おそ》れることはないだろう。

ちなみに、イカにも吸盤《きゅうばん》があるが、イカの吸盤《きゅうばん》はタコと仕組《しく》みが全然《ぜんぜん》違《ちが》う。吸盤《きゅうばん》の中《なか》にかぎ爪《つめ》が入《はい》っていて、爪《つめ》で噛《かじ》り付《つ》く。なので、宇宙《うちゅう》でもイカはくっ付《つ》くことができる。イカ型《がた》宇宙人《うちゅうじん》には気《き》をつけよう。

まめ知識

吸盤《きゅうばん》　ちなみに吸盤《きゅうばん》は穴《あな》が空《あ》いていたり、汚《よご》れていたりしても、吸《す》い付《つ》くことができない。圧力差《あつりょくさ》ができなくなるためだ。

宇宙《うちゅう》でレーザー光線《こうせん》は見《み》えない

SF映画《えいが》やアニメで見《み》られるレーザー光線《こうせん》。宇宙戦艦《うちゅうせんかん》がバンバン撃《う》っていると、派手《はで》でカッコいい。

けれども、これは科学的《かがくてき》にありえない。レーザー光線《こうせん》が光《ひか》るのは空気《くうき》の中《なか》だけ。宇宙《うちゅう》では無色透明《むしょくとうめい》で見《み》ることができない。

「光線《こうせん》の見《み》えない宇宙戦艦《うちゅうせんかん》なんてカッコよくない！」と、あなたは言《い》うかもしれない。

ではこうしたらどうだろうか？

プラズマなどであれば、発光《はっこう》して宇《う》宙《ちゅう》でも見《み》ることができる。だから宇《う》宙戦艦《ちゅうせんかん》にはプラズマ兵器《へいき》を装備《そうび》すればカッコいいはずだ（役《やく》に立《た》つとは言《い》ってない）。

まめ知識

プラズマ　高《こう》エネルギーの物質《ぶっしつ》のこと。炎《ほのお》や雷《かみなり》やオーロラ、太陽《たいよう》もプラズマだ。

大気圏突入《たいきけんとつにゅう》で燃《も》えるのは摩擦熱《まさつねつ》のせいではない

宇宙船《うちゅうせん》が大気圏突入《たいきけんとつにゅう》で真《ま》っ赤《か》に燃《も》えるのは有名《ゆうめい》だ。1万度《まんど》を超《こ》すこともある。

摩擦熱《まさつねつ》で燃《も》えると思《おも》われているけど、実《じつ》はこれは空気《くうき》の性質《せいしつ》のせいなのだ。

空気《くうき》は一気《いっき》に押《お》しつぶすと超高温《ちょうこうおん》になる。宇宙船《うちゅうせん》がすごい速度《そくど》で落《お》ちてくると、宇宙船《うちゅうせん》の前方《ぜんぽう》の空気《くうき》が押《お》しつぶされるため、温度《おんど》が上《あ》がって燃《も》えるのだ。

まめ知識

断熱圧縮《だんねつあっしゅく》 空気《くうき》を一気《いっき》につぶすと高温《こうおん》になる現象《げんしょう》のこと。自動車《じどうしゃ》のエンジンやクーラーでも使《つか》われている。日常用語《にちじょうようご》として使《つか》われることはないので、覚《おぼ》えておいてもあまり役立《やくだ》たないだろう。

地球《ちきゅう》に向《む》かってエンジンを噴《ふ》いても地球《ちきゅう》に帰《かえ》れない

船首《せんしゅ》を地球《ちきゅう》に向《む》け、エンジンを点《てん》火《か》して「さあ、地球《ちきゅう》に帰《かえ》ろう」というシーンは映画《えいが》やアニメでよく見《み》かける。

しかし、これでは絶対《ぜったい》に地球《ちきゅう》に戻《もど》れない。むしろ猛烈《もうれつ》な速度《そくど》で地球《ちきゅう》から離《はな》れて行《い》ってしまう。エンジンを吹《ふ》かす方向《ほうこう》が全然違《ぜんぜんちが》うからだ。

帰《かえ》るためには、進《すす》んでいる方向《ほうこう》の真逆《まぎゃく》に船首《せんしゅ》を向《む》けてエンジンを噴《ふ》かす。すると速度《そくど》が落《お》ちるので、地球《ちきゅう》の引力《いんりょく》に捕《つか》まって地球《ちきゅう》に落《お》ちる。これ以外《いがい》に戻《もど》る方法《ほうほう》はない。

まめ知識

大気圏再突入《たいきけんさいとつにゅう》　宇宙《うちゅう》から地球《ちきゅう》に帰《かえ》るとき大気圏《たいきけん》に侵入《しんにゅう》すること。宇宙船《うちゅうせん》にとって一番危険《いちばんきけん》な時《とき》。

暑い!

第6章

宇《う》宙《ちゅう》論《ろん》の話《はなし》

地球《ちきゅう》の常識《じょうしき》は、宇宙《うちゅう》の非常識《ひじょうしき》。
あなたの常識《じょうしき》は、宇宙《うちゅう》ではへんてこりんだ。

あなたと私《わたし》は引《ひ》き合《あ》っている。万有引力《ばんゆういんりょく》でね

万有引力《ばんゆういんりょく》。地球《ちきゅう》があなたを引《ひ》っ張《ぱ》っているのも、リンゴが落《お》ちるのも、すべて万有引力《ばんゆういんりょく》のおかげだ。「万有《ばんゆう》」という名前《なまえ》の通《とお》り、すべてのものが持《も》っている力《ちから》だ。当然《とうぜん》、あなたも私《わたし》も持《も》っている。

万有引力《ばんゆういんりょく》は無限《むげん》のかなたまで必《かなら》ず伝《つた》わる力《ちから》だ。だから、あなたとあなたの大切《たいせつ》な人《ひと》は、どんなに離《はな》れていても、どんな障害《しょうがい》があってもいつも引《ひ》き合《あ》っている。万有引力《ばんゆういんりょく》によってね。

もちろん嫌《きら》いな人《ひと》とも、どんなことがあっても、どこにいようとも必《かなら》ず引《ひ》き合《あ》っている。

まめ知識

引力《いんりょく》と重力《じゅうりょく》 引力《いんりょく》と重力《じゅうりょく》は基本的《きほんてき》に同《おな》じものだ。重力《じゅうりょく》という言葉《ことば》は、地球《ちきゅう》（もしくは他《ほか》の星《ほし》）が物体《ぶったい》を引《ひ》き付《つ》ける場合《ばあい》に使《つか》う。

宇宙《うちゅう》はマイナス270度《ど》だけど暑《あつ》い

宇宙《うちゅう》の気温《きおん》はマイナス270度《ど》。ビックリするくらい寒《さむ》いと思《おも》うけれど、人間《にんげん》にとっては暑《あつ》い場所《ばしょ》なのだ。

その理由《りゆう》は、宇宙《うちゅう》にほとんど空気《くうき》がないから。空気《くうき》がないとどんなに温度《おんど》が低《ひく》くても、熱《ねつ》をうばうことができない。

むしろ、宇宙《うちゅう》では熱《ねつ》がこもる。空《くう》気《き》がないので、熱《ねつ》が逃《に》げないからだ。これは魔法瓶《まほうびん》の原理《げんり》と同《おな》じだ。それに太陽光線《たいようこうせん》からも温《あたた》められる。宇宙《うちゅう》の温度《おんど》は見掛《みか》け倒《だお》しのハッタリで、宇宙《うちゅう》に行《い》く時《とき》に湯《ゆ》たんぽを持《も》っていく必要《ひつよう》はない。

まめ知識

魔法瓶《まほうびん》 実《じつ》は魔法瓶《まほうびん》の壁《かべ》には隙間《すきま》がある。そこを真空《しんくう》にすることで保温《ほおん》している。

ビッグバンは元々《もともと》「火《ひ》の玉宇宙《たまうちゅう》モデル」という名前《なまえ》だった

宇宙《うちゅう》はビッグバンから生《う》まれたといわれている。

でもこのビッグバンという言葉《ことば》、もともとは学者《がくしゃ》にバカにされて付《つ》けられた名前《なまえ》だった。「宇宙《うちゅう》が大《おお》きな（ビッグ）バン（という爆発《ばくはつ》）でできたなんて」とバカにされて、この安《やす》っぽい名前《なまえ》がつけられ、さらに悪《わる》いことにみんなにそう覚《おぼ》えられてしまった。

もともとは、「火《ひ》の玉宇宙《たまうちゅう》モデル」という名前《なまえ》だった。ビッグバンのほうが語呂《ごろ》がいいし、覚《おぼ》えやすいから仕方《しかた》ない。

まめ知識

ビックバン　宇宙《うちゅう》の始《はじ》まりは無《む》から大爆発《だいばくはつ》が起《お》こって、大《おお》きく広《ひろ》がっていったという考《かんが》え。正《ただ》しいかどうかは分《わ》からないが、今《いま》のところ「いいんじゃない？」ということで、認《みと》められている。

水《みず》は宇宙《うちゅう》で沸騰《ふっとう》しながら凍《こお》る

水《みず》が沸騰《ふっとう》するのは100度《ど》、凍《こお》るのは0度《ど》。そんなの常識《じょうしき》？ それは地球《ちきゅう》の常識《じょうしき》で宇宙《うちゅう》では非常識《ひじょうしき》。

宇宙空間《うちゅうくうかん》では何度《なんど》であっても水《みず》は沸騰《ふっとう》する。地球《ちきゅう》で水《みず》を沸騰《ふっとう》させるためには、火《ひ》にかけ続《つづ》けないといけないが、宇宙《うちゅう》ではその必要《ひつよう》はない。何《なに》もしなくても沸騰《ふっとう》し続《つづ》ける。沸騰《ふっとう》しながら温度《おんど》が下《さ》がり、すべて氷《こおり》になる。

さらにいうと、氷《こおり》になって終《お》わりではなく、氷《こおり》になったまま小《ちい》さくなり、消《き》えていく。ドライアイスと同《おな》じことが起《お》こるのだ。

まめ知識

沸騰《ふっとう》 わきあがり煮《に》えたつこと。沸騰《ふっとう》する温度《おんど》は空気《くうき》の薄《うす》さで変《か》わる。エベレストや富士山《ふじさん》の上《うえ》では地上《ちじょう》よりも低《ひく》い温度《おんど》で沸騰《ふっとう》するぞ。

宇宙《うちゅう》に行《い》けばタイムトラベルできる

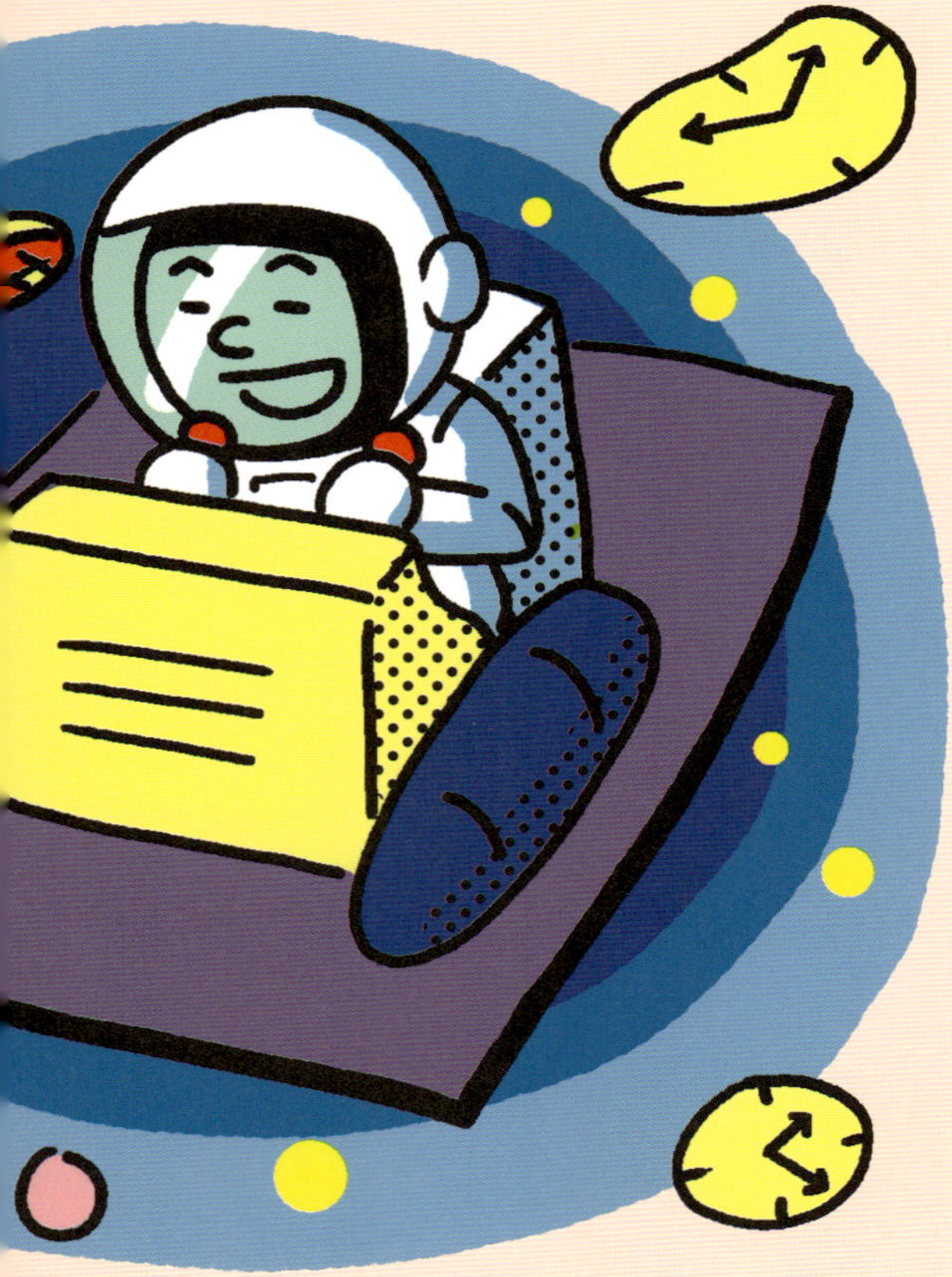

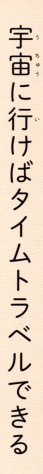

アインシュタインは移動《いどう》すると時《じ》間《かん》の流《なが》れが遅《おそ》くなるといった。速《はや》く動《うご》けば動《うご》くほど、止《と》まっている人《ひと》よりも時間《じかん》の流《なが》れるのが遅《おそ》くなる。

つまり未来《みらい》に行《い》くことができる。宇宙船《うちゅうせん》や宇宙《うちゅう》ステーションは結構《けっこう》な速度《そくど》で飛《と》んでいるので、ほんのわずか、本当《ほんとう》にちょっぴりだけれど、プチタイムトラベルができるのだ。

ちなみに、光《ひかり》くらい速《はや》い宇宙船《うちゅうせん》に乗《の》れば遠《とお》い未来《みらい》へ行《い》くこともできる。タイムマシンは実現可能《じつげんかのう》なのだ。

ただし、行《い》けるのは未来《みらい》だけ。過《か》去《こ》に戻《もど》る方法《ほうほう》はない。

まめ知識

相対性理論《そうたいせいりろん》 アインシュタインが考《かんが》えた、世界《せかい》の法則《ほうそく》を説明《せつめい》する理論《りろん》。

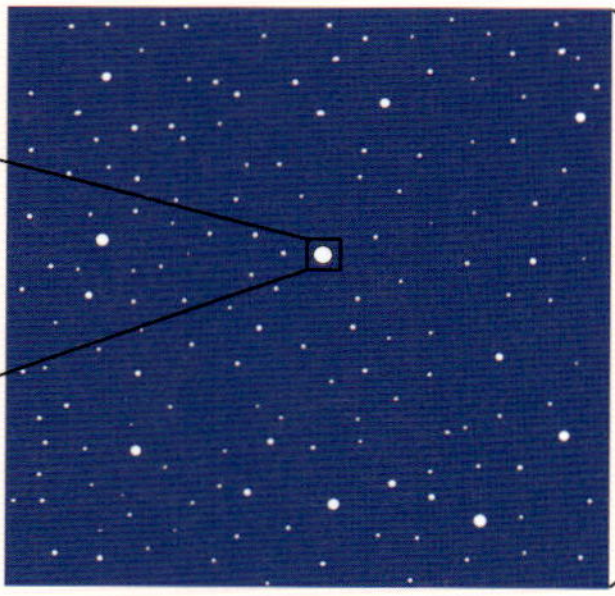

近場《ちかば》の星《ほし》の中《なか》で、太陽系《たいようけい》はここ。

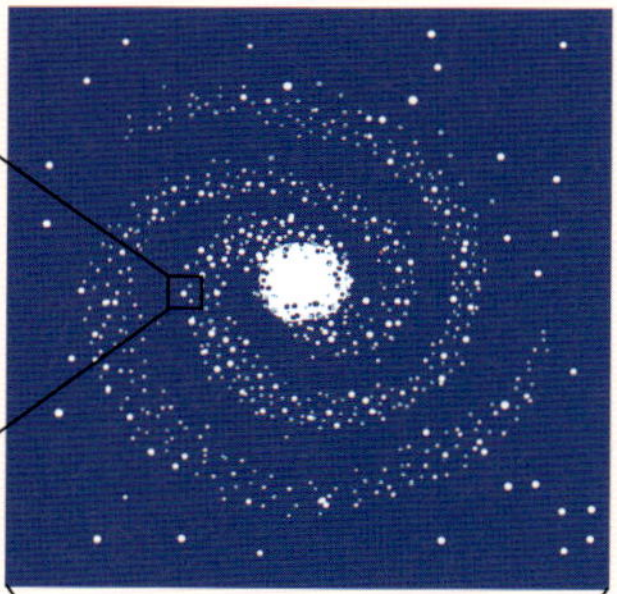

銀河系《ぎんがけい》の中《なか》で太陽系《たいようけい》はここ。
見《み》えないくらい小《ち》さい。

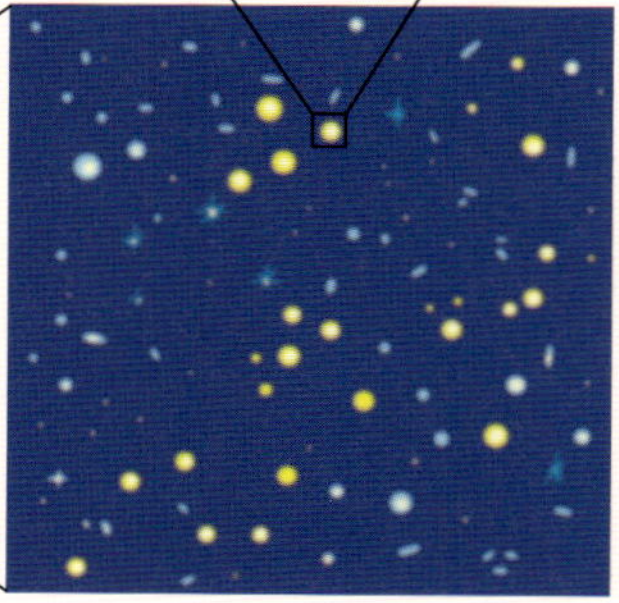

銀河系《ぎんがけい》はここ。
たくさんの銀河《ぎんが》の一つ。

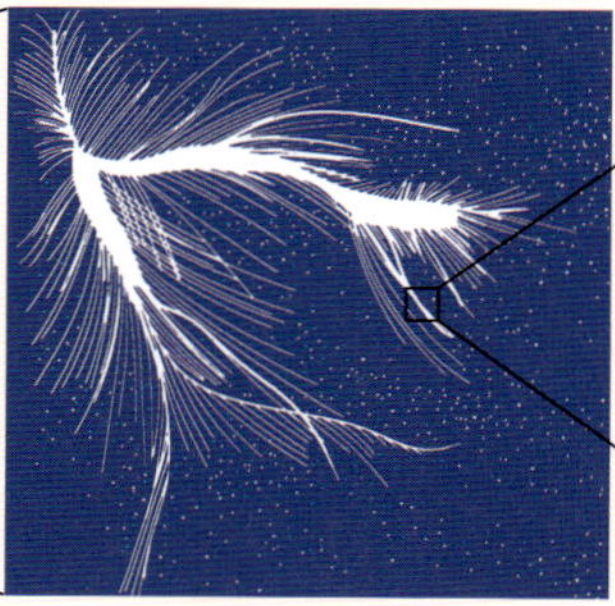

銀河系《ぎんがけい》のとまわりの銀河《ぎんが》はここ。
超《ちょう》 銀河団《ぎんがだん》の一部《いちぶ》。

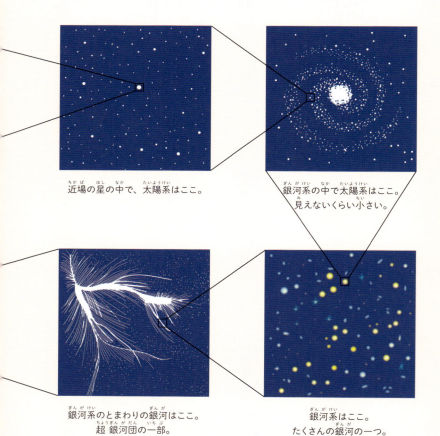

あなたのちっぽけさを体感《たいかん》しよう

地球《ちきゅう》から見《み》ると、あなたは
見《み》えないくらいちいさい。

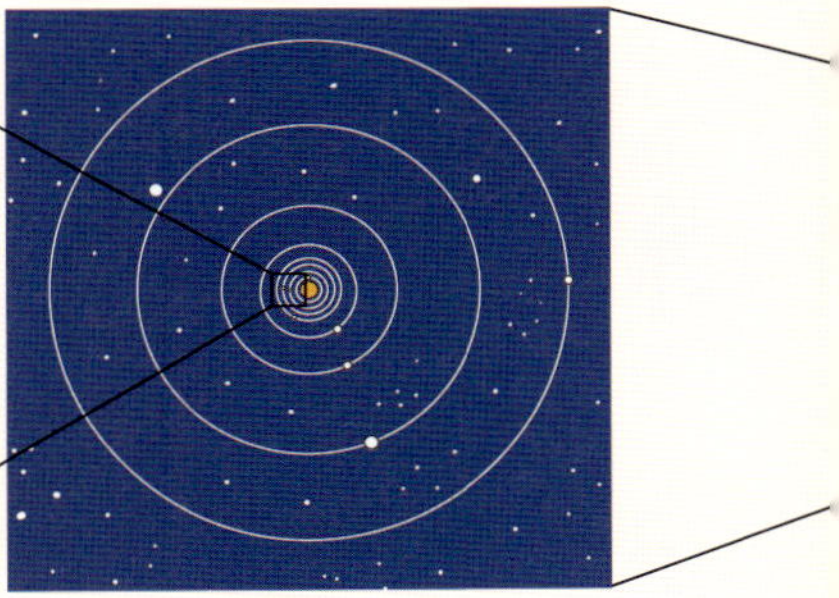

太陽系《たいようけい》から見《み》ると地球《ちきゅう》はここ。
地球《ちきゅう》は見《み》えないくらい小《ちい》さい。

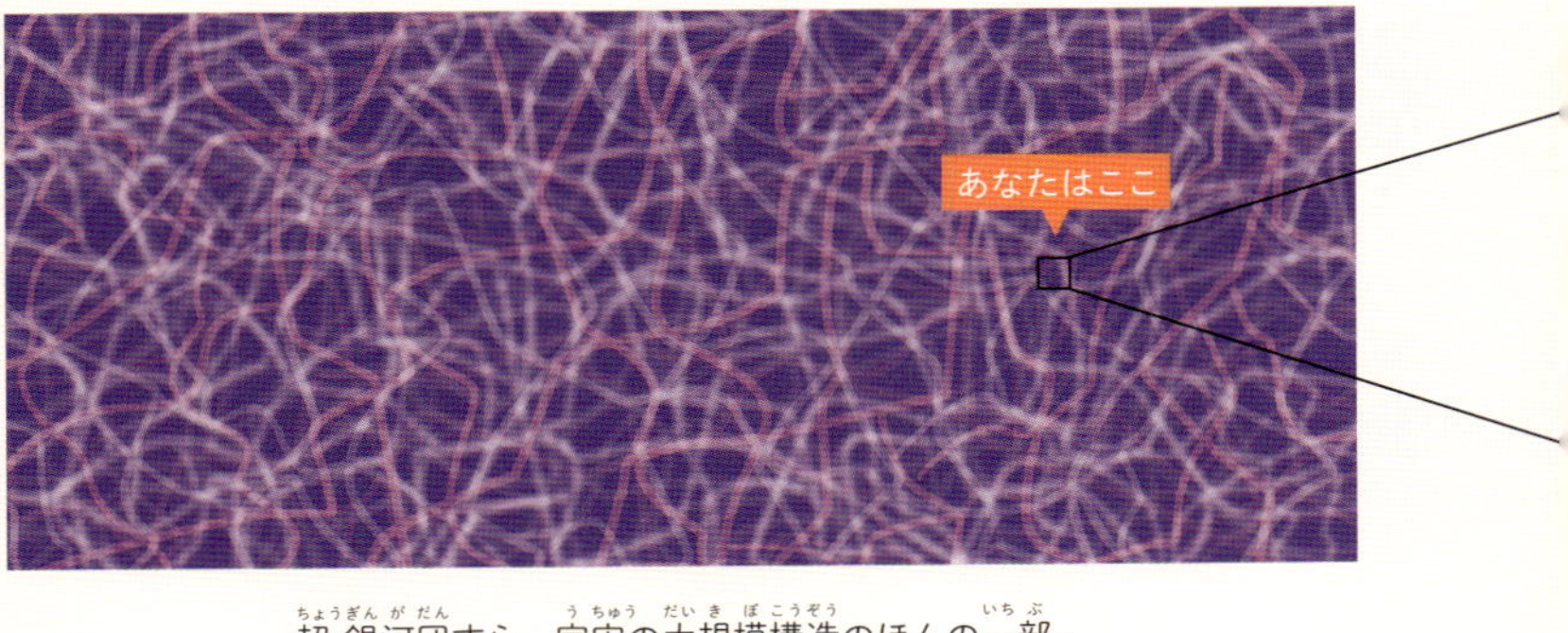

超 銀河団《ちょうぎんがだん》すら、宇宙《うちゅう》の大規模構造《だいきぼこうぞう》のほんの一部《いちぶ》。
宇宙《うちゅう》はどのくらい大《おお》きいか分《わ》からない。

ドドドド…
СССР

第7章

宇宙《うちゅう》をめぐる歴史《れきし》の話《はなし》

事実《じじつ》は小説《しょうせつ》よりも奇《き》なり。歴史《れきし》にもへんてこりんがたくさんだ。

最初《さいしょ》のパラシュートは脱獄用《だつごくよう》だった

宇宙開発《うちゅうかいはつ》でおなじみのパラシュート。歴史《れきし》は意外《いがい》にも古《ふる》く、最初《さいしょ》の発明《はつめい》は1000年以上前《ねんいじょうまえ》。牢屋《ろうや》から逃《に》げ出《だ》すために作《つく》られた。

昔《むかし》は罪人《ざいにん》を塔《とう》の中《なか》に閉《と》じ込《こ》めた。塔《とう》から飛《と》び降《お》りて逃《に》げ出《だ》す方法《ほうほう》として編《あ》み出《だ》されたものなのだ。

ちなみに、このパラシュートは現代《げんだい》のパラシュートの原型《げんけい》ではない。歴史《れきし》の中《なか》に忘《わす》れ去《さ》られてしまった。科学《かがく》の世界《せかい》では、このような失《うしな》われた技術《ぎじゅつ》は結構多《けっこうおお》い。

その後《ご》、世界中《せかいじゅう》のあちこちでパラシュートが再発明《さいはつめい》されては消《き》えていき、約《やく》200年前《ねんまえ》に現代《げんだい》のパラシュートの先祖《せんぞ》が生《う》まれた。用途《ようと》はビル火災《かさい》から逃《に》げるため。そこから発展《はってん》し、航空機《こうくうき》や飛行機《ひこうき》の安全装置《あんぜんそうち》として広《ひろ》く使《つか》われている。

まめ知識

パラシュート 空《そら》から降《お》りてくる時《とき》に使《つか》う道具《どうぐ》だが、開《ひら》かないなどのトラブルが多《おお》く、あまり信頼性《しんらいせい》は高《たか》くない。実《じつ》は危険《きけん》な道具《どうぐ》。

宇宙《うちゅう》に初《はじ》めてロケットを飛《と》ばした国《くに》は、アメリカでもソ連《れん》でもない

宇宙《うちゅう》に初《はじ》めてロケットを飛《と》ばしたのはドイツである。人類初《じんるいはつ》の宇宙《うちゅう》への飛翔物《ひしょうぶつ》は、V2《ブイツー》ロケット。これは第二次世界大戦中《だいにじせかいたいせんちゅう》に開発《かいはつ》された兵器《へいき》だった。このロケットこそが、現代《げんだい》のすべてのロケットの源流《げんりゅう》だ。

しかし、ドイツは戦争《せんそう》に負《ま》けた。そしてこのロケットの技術者《ぎじゅつしゃ》や物資《ぶっし》・研究資料《けんきゅうしりょう》はアメリカ・ソ連《れん》に奪《うば》われた。貴重《きちょう》な技術《ぎじゅつ》だったので、両国《りょうこく》は血眼《ちまなこ》になって奪《うば》い合《あ》った。

流出《りゅうしゅつ》した技術《ぎじゅつ》によりアメリカとソ連《れん》の両国《りょうこく》はドイツのロケット技術《ぎじゅつ》を大《おお》いに発展《はってん》させ、今《いま》につながっているという訳《わけ》だ。

まめ知識

V2《ブイツー》ロケット　第二次大戦中《だいにじたいせんちゅう》、戦況《せんきょう》が不利《ふり》になったドイツが反撃《はんげき》するために作《つく》った弾道《だんどう》ミサイル兵器《へいき》。

ソ連《れん》　現在《げんざい》のロシアを中心《ちゅうしん》とする国家。1991年《ねん》に崩壊《ほうかい》した。

宇宙《うちゅう》開発《かいはつ》はソ連《れん》が圧倒《あっとう》していた

宇宙開発《うちゅうかいはつ》といえばNASA《ナサ》、アメリカだと思《おも》っていないだろうか。

しかし、最初《さいしょ》の人工衛星《じんこうえいせい》打《う》ち上《あ》げも、最初《さいしょ》の有人飛行《ゆうじんひこう》も、宇宙遊泳《うちゅうゆうえい》も、宇宙《うちゅう》ステーションも、すべてソ連《れん》。宇宙開発《うちゅうかいはつ》はすべてにおいてソ連《れん》が圧倒《あっとう》していた。アメリカより先《さき》に研《けん》究《きゅう》していたからね。

しかし、ソ連《れん》はアメリカに負《ま》けまいと無理《むり》を重《かさ》ねた。それがたたって、事故《じこ》で多《おお》くの技術者《ぎじゅつしゃ》を失《うしな》った。時《とき》を同《おな》じくして宇宙開発《うちゅうかいはつ》の指導者《しどうしゃ》も死《し》んでしまった。こうして、ソ連《れん》の宇宙《うちゅう》開発《かいはつ》は遅《おく》れをとることになったのだ。

まめ知識

宇宙開発競争《うちゅうかいはつきょうそう》　冷戦《れいせん》の時代《じだい》にはアメリカとソ連《れん》とで宇宙開発競争《うちゅうかいはつきょうそう》が行《おこな》われた。

最初《さいしょ》に宇宙《うちゅう》に行《い》ったのは、ブンブン煩《うるさ》いあの生《い》き物《もの》

宇宙《うちゅう》に最初《さいしょ》に行《い》った生物《せいぶつ》は人間《にんげん》でもサルでも犬《いぬ》でもない。

ブンブン煩《うるさ》いあの生《い》き物《もの》。そう、ハエである。

それは人類初《じんるいはつ》の宇宙飛行《うちゅうひこう》の14年前《ねんまえ》のことだった。アメリカがドイツから接収《せっしゅう》したV2《ブイツー》ロケットにハエを乗《の》せて宇宙飛行《うちゅうひこう》を行《おこな》ったのだ。

ちなみに、この時《とき》のハエは生《い》きて回収《かいしゅう》された。元気《げんき》だったそうだ。

まめ知識

宇宙《うちゅう》へ行《い》った生《い》き物《もの》　ハエ以外《いがい》にもネズミや犬《いぬ》やサルなど、様々《さまざま》な生物《せいぶつ》が実験《じっけん》に使《つか》われた。

古代文明《こだいぶんめい》では隕石《いんせき》で武器《ぶき》や装飾品《そうしょくひん》を作《つく》った

人類《じんるい》と隕石《いんせき》の関《かか》わりはとても古《ふる》い。紀元前《きげんぜん》2300年《ねん》の世界最古《せかいさいこ》の剣《けん》は、鉄隕石《てついんせき》を原料《げんりょう》に作《つく》り上《あ》げられた。

このほかにも人類《じんるい》が製鉄技術《せいてつぎじゅつ》を持《も》つはるか昔《むかし》から、世界各地《せかいかくち》で隕石《いんせき》の鉄《てつ》が利用《りよう》されていた。

隕石《いんせき》で作《つく》った刀《かたな》なんて神秘的《しんぴてき》だ。宇宙的《うちゅうてき》なスーパーパワーを持《も》っていたかどうかは謎《なぞ》だが、青銅《せいどう》や銅《どう》しか製造《せいぞう》できなかった時代《じだい》の人類《じんるい》にとって、強靭《きょうじん》な鉄製《てつせい》の武器《ぶき》は神器《じんぎ》に等《ひと》しかったに違《ちが》いない。

まめ知識

鉄隕石《てついんせき》 鉄《てつ》を主成分《しゅせいぶん》とした隕石《いんせき》。鉄《てつ》は自然界《しぜんかい》にありふれた資源《しげん》だが、サビたものしかないため、大昔《おおむかし》はサビていない鉄《てつ》は貴重《きちょう》だった。

初《はつ》の月面《げつめん》着陸《ちゃくりく》はアメリカではなくソ連《れん》

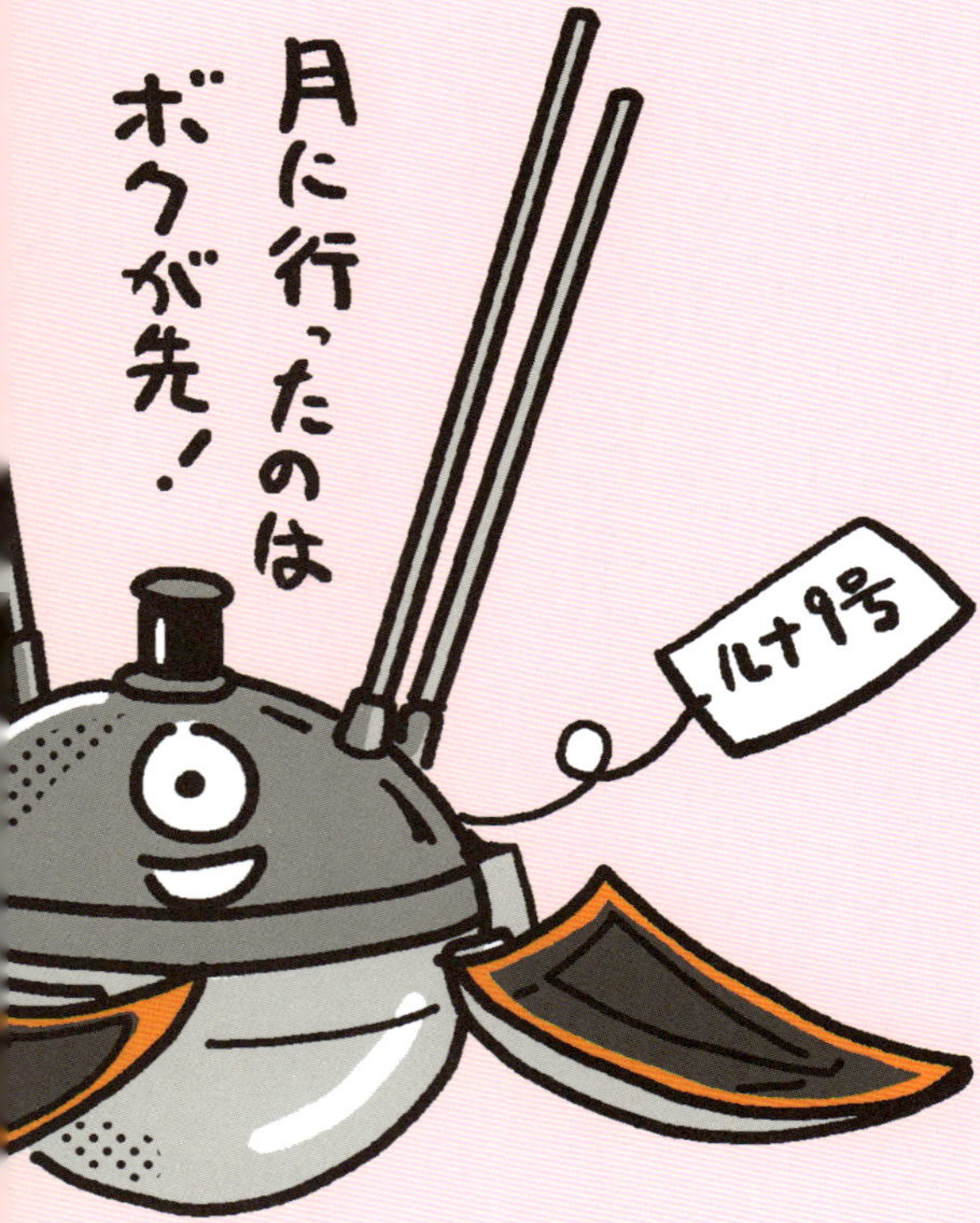

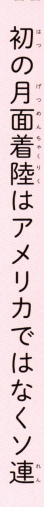

初《はつ》の月面着陸《げつめんちゃくりく》はアメリカのアポロ計画《けいかく》ではない。実《じつ》はアポロ11号《ごう》が初《はじ》めて月面《げつめん》に降《お》り立《た》つよりも3年《ねん》も前《まえ》に、ソ連《れん》のルナ9号《ごう》が月面着陸《げつめんちゃくりく》に成功《せいこう》している。

これが世界初《せかいはつ》の月面着陸《げつめんちゃくりく》であった。アポロ11号《ごう》から送《おく》られてきた月《つき》の景色《けしき》は印象的《いんしょうてき》であったが、月面《げつめん》の景色《けしき》の撮影《さつえい》に最初《さいしょ》に成功《せいこう》したのもルナ9号《ごう》だ。

ではなぜアポロ11号《ごう》が初《はつ》の月面着陸《げつめんちゃくりく》だったといわれるのか。それは、ルナ9号《ごう》は無人機《むじんき》だったからだ。

「人類《じんるい》による」月面着陸《げつめんちゃくりく》はアメリカのアポロ11号《ごう》が世界初《せかいはつ》なのである。

へ理屈《りくつ》のような気《き》もしないでもないが、これはこれで紛《まぎ》れもない人類《じんるい》史《し》に残《のこ》る偉業《いぎょう》だ。

まめ知識

ルナ計画《けいかく》　ソ連《れん》の月探査計画《つきたんさけいかく》のこと。合計《ごうけい》43機《き》もの月面探査機《げつめんたんさき》を送《おく》り込《こ》んでいる。

アポロ計画《けいかく》　アメリカの有人月面着陸計画《ゆうじんげつめんちゃくりくけいかく》のこと。地球以外《ちきゅういがい》の星《ほし》に人類《じんるい》が到達《とうたつ》した唯一《ゆいいつ》の事業《じぎょう》だ。

アメリカでは巨額《きょがく》を投《とう》じて宇宙《うちゅう》ボールペンを作《つく》った。一方《いっぽう》ソ連《れん》では……

ボールペンを逆《さか》さにして、字《じ》を書《か》いてみてほしい。

すぐにインクが出《で》なくなり、使《つか》えなくなる。このように、無重力状態《むじゅうりょくじょうたい》ではボールペンを使《つか》うことができないと考《かんが》えられていた。

そこで、アメリカでは巨額《きょがく》を投《とう》じて、無重力《むじゅうりょく》でも上下逆《じょうげさか》さでもセ氏《し》200度《ど》でも氷点下《ひょうてんか》でも、どんな状況《じょうきょう》でも書《か》ける超高性能宇宙《ちょうこうせいのううちゅう》ボールペンを開発《かいはつ》した!!

一方《いっぽう》ソ連《れん》では普通《ふつう》のボールペンを使《つか》った。実《じつ》は宇宙《うちゅう》でも普通《ふつう》のボールペンは全《まった》く問題《もんだい》なく使《つか》えたのだ。

慎重《しんちょう》になり過《す》ぎるあまり、必要以《ひつようい》上《じょう》のものを作《つく》ってしまったのだ。

まめ知識

スペースペン 今《いま》も販売《はんばい》されていて結構《けっこう》リーズナブルな値段《ねだん》。開発《かいはつ》は民間企業《みんかんきぎょう》。

一方《いっぽう》ソ連《れん》では鉛筆《えんぴつ》を使《つか》った 有名《ゆうめい》なジョーク。宇宙開発初期《うちゅうかいはつしょき》はアメリカもソ連《れん》も鉛筆《えんぴつ》を使《つか》っている。が、削《けず》りカスが飛《と》び散《ち》るので使《つか》うのをやめた。

月《つき》から持《も》ち帰《かえ》った月《つき》の石《いし》よりも、地球上《ちきゅうじょう》にある月《つき》の石《いし》のほうが多《おお》い

人類《じんるい》が月《つき》に行《い》ったとき、月《つき》の石《いし》をたくさん持《も》ち帰《かえ》った。

しかしおかしなことに、月《つき》から持《も》ち帰《かえ》った量《りょう》よりも、現在《げんざい》地球《ちきゅう》にある量《りょう》のほうが多《おお》い。どういうことだろう？

からくりはこうだ。月《つき》の石《いし》は地球《ちきゅう》上《じょう》では作《つく》ることができない貴重《きちょう》な石《いし》だ。そのため、高値《たかね》で取《と》り引《ひ》きされた。けれど、パッと見《み》では地球《ちきゅう》の石《いし》と違《ちが》いがない。だから偽物《にせもの》が大量《たいりょう》に出回《でまわ》った、ということなんだ。

博物館《はくぶつかん》で大切《たいせつ》に保管《ほかん》されていた月《つき》の石《いし》が、実《じつ》は偽物《にせもの》だったなんていう悲劇《ひげき》もあったそうだ。

まめ知識

月《つき》の石《いし》　月《つき》から持《も》ち帰《かえ》った石《いし》。1グラム100万円《まんえん》くらいするらしい。超《ちょう》貴《き》重《ちょう》で超《ちょう》高《こう》級《きゅう》な科《か》学《がく》サンプル。

月《げつ》面《めん》着《ちゃく》陸《りく》陰《いん》謀《ぼう》論《ろん》は、イチャモンに過《す》ぎない

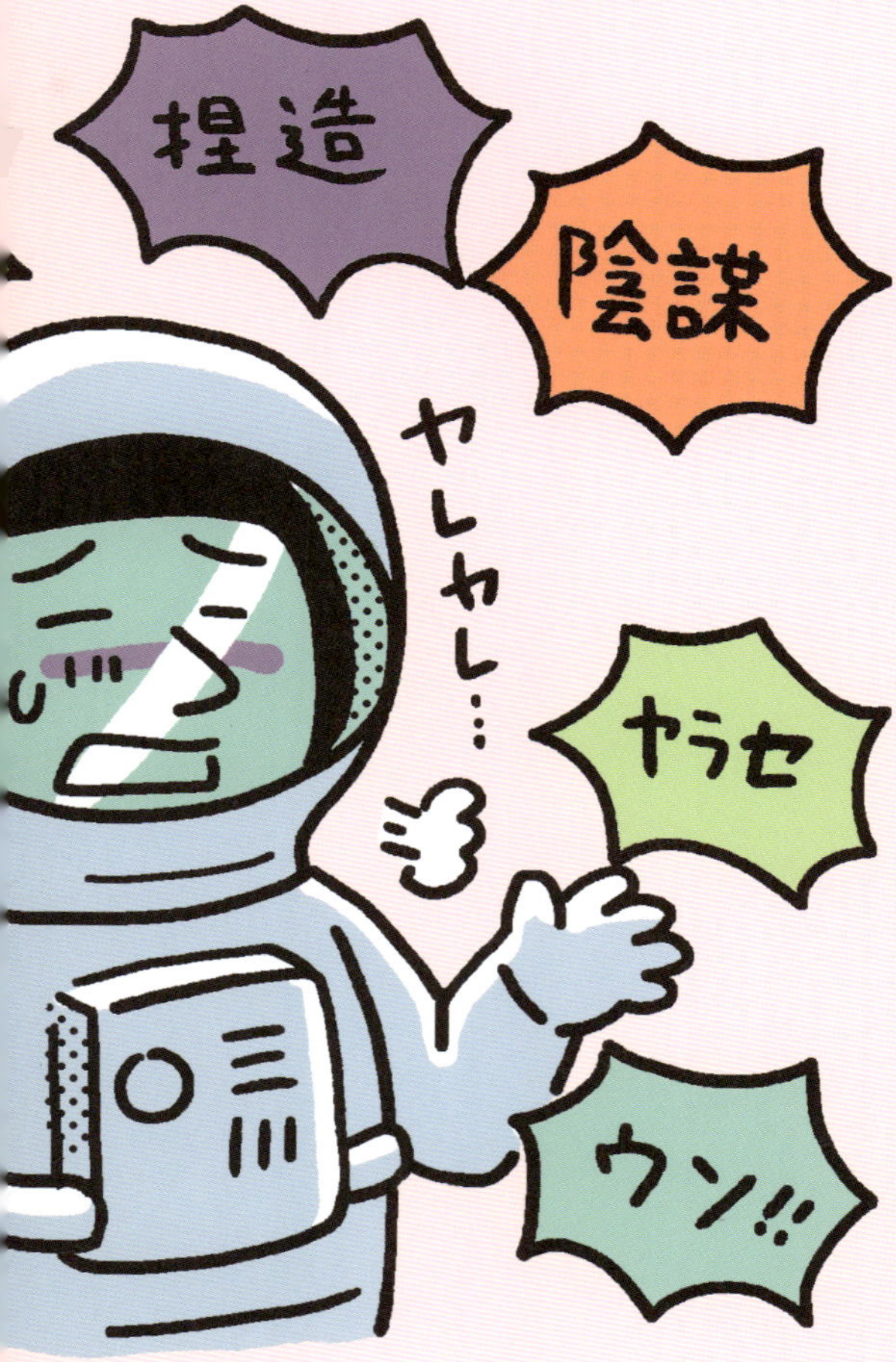

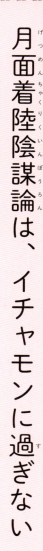

アポロ11号《ごう》によって成《な》し遂《と》げられた、人類《じんるい》の月面着陸《げつめんちゃくりく》。それがウソだったという説《せつ》は人気《にんき》がある。

しかし、残念《ざんねん》ながら月面着陸《げつめんちゃくりく》の事実《じつ》を疑《うたが》う余地《よち》は全《まった》くない。

月《つき》の軌道上《きどうじょう》を回《まわ》る人工衛星《じんこうえいせい》から、着陸地点《ちゃくりくちてん》の現在《げんざい》の様子《ようす》を写《うつ》した写真《しゃしん》が大量《たいりょう》に撮《と》られている。それに、着陸地点《ちゃくりくちてん》に残《のこ》してきた反射板《はんしゃばん》を使《つか》って、毎日《まいにち》のように月《つき》と地球《ちきゅう》の距離《きょり》も測《はか》っている。ウソだといわれる様々《さまざま》な根拠《こんきょ》は、科学的《かがくてき》に否定《ひてい》されている。確《たし》かな証拠《しょうこ》だらけだ。

それでもいまだにウソだ陰謀《いんぼう》だと熱狂《ねっきょう》する人《ひと》がいるのはなぜなのだろう。

まめ知識

現在《げんざい》の着陸跡地《ちゃくりくあとち》　月《つき》の上空《じょうくう》を回《まわ》る人工衛星《じんこうえいせい》ルナー・リコネンサス・オービターによってアポロ計画《けいかく》の着陸《ちゃくりく》した跡《あと》や月面《げつめん》バギーのタイヤ跡《あと》、足跡《あしあと》が撮影《さつえい》されている。

人《じん》類《るい》が月《つき》に再《ふたた》び行《い》かないのは、行《い》く価《か》値《ち》がないから

人類《じんるい》最後《さいご》の月面着陸《げつめんちゃくりく》からもう40年《ねん》以上《いじょう》も経《た》つ。それから一度《いちど》も月に行《い》っていない。なぜ行《い》かないのだろう。

その理由《りゆう》は月《つき》に行《い》く価値《かち》がないから。月《つき》まで行《い》くのはとても大変《たいへん》。けれども月《つき》には思《おも》っていた以上《いじょう》に何《なに》もなかった。得《え》られるものがほとんどなければ行《い》かない。ただそれだけのことなのだ。

今、NASA《ナサ》もJAXA《ジャクサ》も月面《げつめん》に基地《きち》を作《つく》る計画《けいかく》を立《た》てている。

40年前《ねんまえ》よりも技術《ぎじゅつ》は進歩《しんぽ》した。月《げつ》面基地《めんきち》を作《つく》れば、人類《じんるい》の活動《かつどう》を太陽《たいよう》系全体《けいぜんたい》に広《ひろ》げることが可能《かのう》になるだろう。月面基地《げつめんきち》はそんなに遠《とお》くないうちに実現《じつげん》するだろう。宇宙開発《うちゅうかいはつ》の新《あたら》しい時代《じだい》が始《はじ》まろうとしている。

まめ知識

月面基地《げつめんきち》　月《つき》は地球《ちきゅう》より重力《じゅうりょく》が弱《よわ》い。そのため、はるかに小《ちい》さなエネルギーでロケットを打《う》ち上《あ》げられる。星《ほし》であるため資源《しげん》があり、水《みず》の存在《そんざい》も確認《かくにん》されたため、ロケット燃料《ねんりょう》を作《つく》ることもできる。宇宙開拓《うちゅうかいたく》の補給基地《ほきゅうきち》になるのだ。

おわりに

宇宙《うちゅう》のお話《はなし》はもっともっとあったのですが、とりあえずここでおしまいです。

私《わたし》はよく、子供《こども》たちに、大人《おとな》たちに、こんな宇宙《うちゅう》や科学《かがく》のお話《はなし》をしています。

どうやら、世《よ》の中《なか》では宇宙《うちゅう》や科学《かがく》はなんだか難《むずか》しいものと思《おも》われているようです。

けれども話《はなし》をすると、みんな目《め》を輝《かがや》かせて聞《き》いてくれます。本当《ほんとう》はみんな大好《だいす》きに違《ちが》いありません。

でも、どうして好《す》きなのに苦手《にがて》と思《おも》われてしまうのでしょう？

もしかすると、理科《りか》や科学《かがく》は理《り》屈《くつ》っぽくて不親切《ふしんせつ》なのかもしれません。専門用語《せんもんようご》や数式《すうしき》を理解《りかい》しなさいと迫《せま》っているのかもしれません。

好《す》きという気持《きも》ちは、どんな数式《すうしき》や知識《ちしき》よりも、はるかに大《おお》きな力《ちから》を持《も》っているはずです。

そんな気《き》がしたので、この『へんてこりんな宇宙図鑑《うちゅうずかん》』を書《か》いてみました。好《す》きという気持《きも》ちだけで読《よ》める本《ほん》にしたいと思《おも》いました。

この本《ほん》は役《やく》に立《た》たない本《ほん》です。勉《べん》強《きょう》になりませんし、専門知識《せんもんちしき》も不十《ふじゅう》分《ぶん》で、なによりおバカな本《ほん》です。

この本《ほん》を読《よ》んで、あなたがほんの少《すこ》しでも宇宙《うちゅう》を好《す》きになってもらえたら、幸《さいわ》いです。

それでは、またどこかでお会《あ》いしましょう。

岩谷《いわや》圭介《けいすけ》

参考文献

『アポロ 11 号』ビアーズ・ビゾニー（河出書房新社）

『太陽系探査の歴史』マリー・ケイ・カーソン（丸善出版）

『間違いだらけの物理学』松田卓也（学研教育出版）

『銀河系惑星学の挑戦』松井孝典（NHK 出版）

『宇宙授業』中川人司（サンクチュアリ出版）

『宇宙の謎と不思議を楽しむ本』藤井旭（PHP 研究所）

『理系の大疑問 100』話題の達人倶楽部［編］（青春出版社）

『宇宙のしくみ』高柳雄一（主婦の友社）

『宇宙論』二間瀬敏史（ナツメ社）

『Exploring Space』Martin Jenkins（Candlewick）

『Into The Unknown』Stewart Ross（Candlewick）

『Destination Space』Kenny Kemp（Virgin Books）

『The Space Tourist's Handbook』Eric Anderson（Quirk Books）

箸休《はしやす》め１の答《こた》え　月《つき》が欠《か》けた部分《ぶぶん》には、星《ほし》は見《み》えない。

文
岩谷圭介
（いわや・けいすけ）
株式会社岩谷技研代表取締役。エンジニア。スペースバルーンの開発者として知られる。現在は宇宙旅行が可能な大型バルーンの研究開発を行う。著書に『宇宙を撮りたい、風船で。世界一小さい僕の宇宙開発』（キノブックス）、『うちゅうはきみのすぐそばに』（福音館書店）がある。

絵
柏原昇店
（かしわばら・しょうてん）
イラストレーター。コミカルでPOPなイラストや漫画を得意とし、難しい物事をわかりやすく伝えることを信念にしている。自身の家族の日常を描くコミックブロガーの一面も。主な著書にコミックエッセイ『ちびといつまでも　ママの乳がんとパパのお弁当と桜の季節』（GB出版）がある。

協力
永田晴紀
（ながた・はるのり）
北海道大学大学院教授。博士（工学）。工学研究院機械宇宙工学部門宇宙環境システム工学研究室。東京大学大学院航空宇宙工学専攻博士課程修了。「CAMUI型ハイブリッドロケット」の開発者として知られる（2018年9月時点）。

装幀　大場君人

おもしろくて、役《やく》に立《た》たない!?
へんてこりんな宇宙図鑑《うちゅうずかん》

2018年11月15日　初版第1刷発行

著者　岩谷《いわや》圭介《けいすけ》・柏原《かしわばら》昇店《しょうてん》

発行者　古川絵里子

発行所　株式会社キノブックス（木下グループ）
〒163-1309
東京都新宿区西新宿6-5-1 新宿アイランドタワー3階
電話　03-5908-2279

印刷・製本所　シナノ印刷株式会社

定価はカバーに表示してあります。万一、落丁・乱丁のある場合は送料小社負担でお取り替えいたします。購入書店名を明記して小社宛にお送りください。本書の無断複写・複製は著作権法上での例外を除き禁じられています。また、代行業者など、読者本人以外による本書のデジタル化は、いかなる場合でも一切認められておりません。
©Keisuke Iwaya, Kashiwabara Shoten 2018　Printed in Japan
ISBN978-4-909689-17-7　C8044